编织美丽的家

Macramé

绳结艺术

陈惠芳 著

上海科学技术出版社

图书在版编目（CIP）数据

编织美丽的家：Macramé绳结艺术/陈惠芳著. ——
上海：上海科学技术出版社，2019.5（2020.2重印）
ISBN 978-7-5478-4337-6

Ⅰ.①编…　Ⅱ.①陈…　Ⅲ.①绳结－手工艺品－制作
－中国　Ⅳ.①TS935.5

中国版本图书馆CIP数据核字（2019）第021224号

编织美丽的家：Macramé绳结艺术

陈惠芳　著

上海世纪出版（集团）有限公司
上海科学技术出版社 出版、发行
（上海钦州南路71号　邮政编码200235　www.sstp.cn）

上海中华商务联合印刷有限公司印刷
开本　787×1092　1/16　印张　9
字数　200千字
2019年5月第1版　2020年2月第2次印刷
ISBN 978-7-5478-4337-6/TS·232
定价：68.00元

前言

　　随着北欧风的兴起，Macramé 这种古老而简单的绳结艺术正在悄悄复兴。Macramé 曾是几度风靡世界的手工艺术，她的魅力在于容易学习而又变化无穷，只需要打结就能变化出形态各异的造型。因其不同寻常的艺术性和贴近生活的实用性，已经慢慢成为现代装饰的新宠儿，受到世界各地人们的喜爱。从流苏花边、珠宝首饰，到家庭装饰、服饰鞋包，Macramé 为我们提供了无穷无尽的创作可能。

　　Macramé 让我对家居装饰也有了新的想法。一份棉绳就可以编织出一个美丽的家，从门廊到餐厅、卧室，Macramé 可以实现不同的装饰需求。她是客厅里带着异域风情的沙发背景挂毯，是餐桌上充满仪式感的桌旗，是带着神秘色彩的门帘，也是床前柔软的地垫……每一份作品都是独具特色。

　　Macramé 这样重复而有序的操作，不仅可以锻炼我们双手的灵活性，还可以让我们的身心平静下来，在喧嚣中独享一份难得的朴实、宁静的时光。如果你也想拥有这项简单的打结技能，那么跟我们一起来学习，开始编织美丽的家吧！

陈惠芳

2019年4月

目录

扫一扫，学更多作品

Macramé 历史

Macramé的摇篮	8 ~ 16世纪	17 ~ 18世纪	19世纪

从公元前3500年的古埃及编织物和公元前850年亚述浮雕衣物上，人们推测中东地区是方形结的发源地。没有人确切地知道Macramé这个名字从何而来，但人们普遍认为，它并不仅仅是一个法语单词。大多数人认为它源自阿拉伯语中长期使用在编织中的词"Migramah"。"Migram"一词的字面意思是"保护"，后来演变成阿拉伯人常用的"披巾"或"头巾"。另外，在土耳其语（与阿拉伯语有关）中，有一个词"Makrama"，指的是流苏毛巾或餐巾。这些证据证明，中东地区可能是Macramé的摇篮。传说那时的阿拉伯人，就会用Macramé的编织法，为马和骆驼佩戴上打结的流苏，用来驱赶沙漠中的苍蝇。

8世纪初，当北非的阿拉伯人（摩尔人）入侵西班牙时，带来了Macramé技能，Macramé艺术又从西班牙传到了法国、意大利，之后传遍了整个欧洲。修女把这种装饰结从最初的线束发展成一种美丽的、精细的、有结的花边，用来装饰衣服和家纺制品。

1689年，玛丽女王将Macramé引进英国，并传授给身边的侍女。而后乔治三世的妻子夏洛特王后（1744 ~ 1818年）引领Macramé潮流，成为王室时髦的消遣方式。欧洲时尚的女人用Macramé编织她们的衣服，这种编织艺术被手工艺人所熟知和推广。很快，水手们把方形结和其他类型的结相结合，创造出美丽的图案和实用的编织物，如刀柄、瓶架、绳梯、吊床、钟罩和方向盘套，还有帽子和腰带之类的装饰品。他们在每一个停靠的港口出售他们的作品，南美洲、北美洲、亚洲还有非洲，Macramé艺术在世界各地传播开来。

Macramé不仅在那个时代的水手中很受欢迎，维多利亚时代的女士们也都喜欢绳结艺术，1882年就有Macramé Lace一书深受读者喜爱，它向读者展示了更多Macramé装饰技法。大多数维多利亚时期的家庭都曾学习和使用这种技法，用于衣服、桌布、床罩和窗帘上的装饰。

我们无从确切地知道第一个绳结是何时出现的，但是，打结在人类文明史中一直扮演着重要的角色。人类曾用绳结把动物皮毛绑到自己身上，保护自己，抵御寒冷；也会用绳结制作陷阱和渔网。逐渐地，人们从实用的绳结中发现了美，给绳结染上不同的颜色，编织各种不同的图案，绳结突破了她的实用性，成为一种特别的艺术形式。

在中国，说到绳结首先想到的一定是我们传统的吉祥装饰物——中国结。其实，Macramé与中国结有异曲同工之妙，而且它们的基础结也有很多相似和重合之处。如果你会编织中国结，那么更能融会贯通Macramé绳结工艺。

20世纪60~70年代

21世纪

20世纪初

经历过两次世界大战，人们重组了纺织潮流的方向，Macramé慢慢地退出流行的时尚，为更精细、更复杂的工业编织让路。

Macramé在20世纪60年代被赋予了新的生命，70年代复古潮流使绳结装饰重新复苏，几乎进入美国每一个家庭。嬉皮士和反主流文化一代格外喜爱Macramé。他们将Macramé体现在服装和珠宝上。这种有别于机器制造、批量生产的手工编织风格被认为是一种特殊艺术。Macramé制作的服装并不能帮助人们抵御风寒，是不实用的服装形式之一，但是它在反主流文化的时尚界扮演着重要的角色，是有趣、独特、时髦的象征。在很短的时间内，它吸引了不分种族和阶级的人们，变得非常流行。除了流苏花边，人们还制作挂件、服饰、桌布、帷幔、相框、吊床、高尔夫球袋、墙上挂饰、比基尼等。

20世纪80年代

到20世纪80年代，Macramé再次脱离时尚。

21世纪初，Macramé受欢迎程度又再次回到了高峰。在2011年的春夏巴黎时装周上，模特穿着Macramé服饰，在时尚界里掀起了复古潮流，随后时尚品牌纷纷将Macramé元素重新运用到服饰设计上。在家装界，北欧风兴起，越来越多的人倾向简洁朴实的绳结艺术。Macramé的身影出现在各种杂志、论坛和社交网络里。而Macramé也因简单易学，迅速成为手工爱好者的新宠。

参考

Needlework Through History, 2007
History and science of knots, 1996

01

前期准备

工具

Macramé 艺术就是绳结的打结艺术，编织时除了线绳几乎不需要其他工具。但是在实际操作中，根据作品的需要，选择一些工具可以使操作更便捷。

架子
固定挂钩、悬挂作品，可升降。

梳子
梳理散开的线。

针
大孔针或钩针，藏线用。

胶
固定用。

 挂钩
悬挂棍子、圆环等。

 尺子
量尺寸。

 剪刀
裁剪线材。

透明胶带
固定棉绳尾巴。

辅助材料

借助辅助材料可以让Macramé 的造型更加丰富，比如利用竹圈做灯罩、用木棍做挂毯、用木珠和羊毛条做装饰等。

木珠
点缀装饰用。

羊毛条
可做平纹或苏麦克纹点缀。

竹圈
竹子或木头制作成的圆环。

木环
木头打磨成的圆环。

 金属圈
金属制成的圈圈，可镀金处理。

 钥匙扣
做钥匙挂件使用。

 手挽
金属或者木制手挽，做包包使用。

 直木棍
经过特殊打磨处理的木棍，笔直、手感圆润。

 原生木棍
自然造型的木棍，有去皮和不去皮处理的。

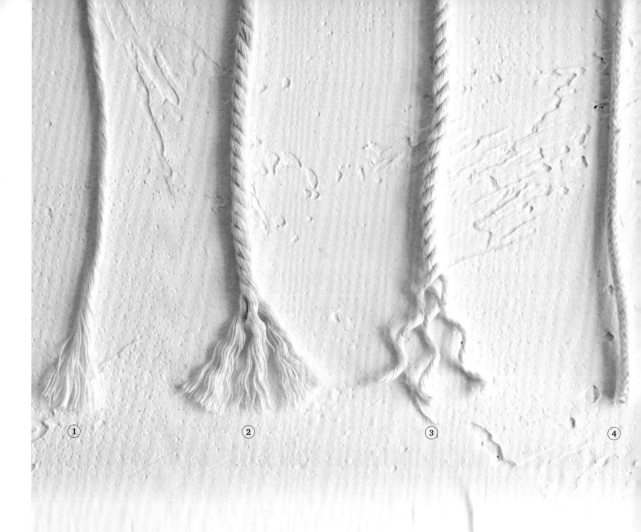

①   ②   ③   ④

线材

Macramé的线材运用广泛，不同尺寸和材质的棉绳可以制作不同类型的作品。棉绳以本白色居多，也会选用其他颜色。本书使用的线材：单股棉绳、三股细腻棉绳、三股泡面型棉绳、包芯棉绳。

  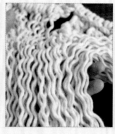 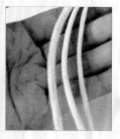

① **单股棉绳**
单股棉绳由多根棉绳组合，质地柔软，适合制作羽毛等需要散开尾部的作品。

② **三股细腻棉绳**
由三股棉绳组合，支数较高，质地较柔软，散开状比较细腻，适合普通家居编织物。

③ **三股泡面型棉绳**
同样三股棉绳组合，但是每股棉绳有特殊上浆处理，线绳能持久保持泡面状态，适合需要泡面流苏效果的作品。

④ **包芯棉绳**
外表圆润，质地较挺，其中2.5毫米、3毫米尤其适合包的编织。

基础绳编技巧

Macramé 的编织其实是一种有规律的重复，发现其中的规律，便能循序渐进。这里介绍一些在开头、结尾、接线以及编织过程中的小技巧，帮助初学者更加得心应手。

缠绕线团 ·········• 如果需要的棉绳比较长，可以将棉绳绕在手上成8字形，捆成一捆再编织，更方便。

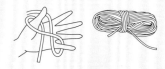

留线长度 ·········• 留线长度需要根据实际编织的图案尺寸和线材去估量一般是成品长度的3~6倍，结越多越费线。为预防线不够，建议多预留一点线。

固定绳子 ·········• 可用挂钩固定好木棍、竹圈等，悬挂在架子上或者墙上。

编织顺序 ·········• 挂毯一般从上到下编织，较长的作品，也可以从中间开始向两边编织。

芯绳和编绳 ·······• 大部分的绳结由"芯绳"和"编绳"组合。我们将两边扭动编织的绳子称为"编绳"，将中间不动的绳子称为"芯绳"，也有像辫子结那样无法区分编绳和芯绳的结。编绳和芯绳的组合，可以是单线、多线，甚至可以无芯绳。

编织力度 ·········• 同样的结要保持一样的编织力度，这样编织出的编织物才会整齐，松紧一致。

穿珠子的方法 ·····• 可以用胶带把线头包住，这样穿珠子更容易。

普通接线 ·········• **长短绳替换**

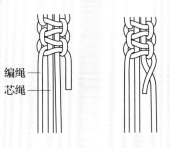

编绳——
芯绳——

将长度不足的线与长度较长的线直接交换。

·········• **串珠内加线**

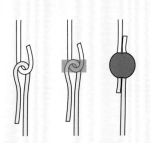

将棉绳接线部分放在珠子里，用胶水或黏合剂连接。

方形结接线 ·········• 双根编绳不足

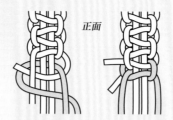

新添加一根编绳，对折，继续
编织方形结。

将背面的线头藏入上方的方
形结里。

·········• 单根编绳不足

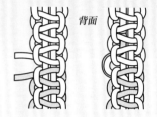

新添加一根编绳，与原来的
长 的 编 绳 结 合 继 续 编 织 方
形结。

线头藏入上下方形结里。

·········• 芯绳不足A

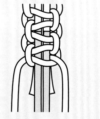

直接添加芯绳，与原来芯绳
藏在一起。

·········• 芯绳不足B

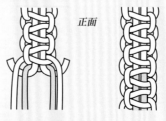

将新添加的芯绳对折，挂在
要接的芯绳上。

将线头一起藏在背面的方形
结里。

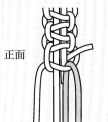  

正面　　　　　　　　背面

将一根新添加的绳子对折，同时作芯绳和编绳，与原来的绳子结合编织方形结。线头藏在背面的方形结里。

双绕结接线 ·······• **编绳不足**

正面　　　　　　背面

添加新编绳之后继续编织。线头藏在背面的结中。

············• **芯绳不足**

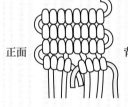 

正面　　　　　　背面

添加新芯绳之后继续编织。线头藏在背面的结中。

尾部处理 ··········• **藏线头**

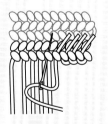 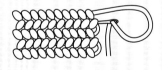

利用大头针将线头从下藏入上面的结里。　利用大头针把线头从侧面藏进结里。

············• **散开线的方法**

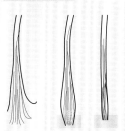

三股绳可以散开，从散开的上头抽出一股股的线，即可分成三股。如需再分散成细的流苏，可以用梳子细细散开。如果不需要线尾散开，可用透明胶带将尾巴线固定好，最后做完再揭开。

02

基础结

020　云雀结

024　方形结

035　旋转结

039　单绕结

043　双绕结

055　外内绕结

058　多宝结

063　聚结

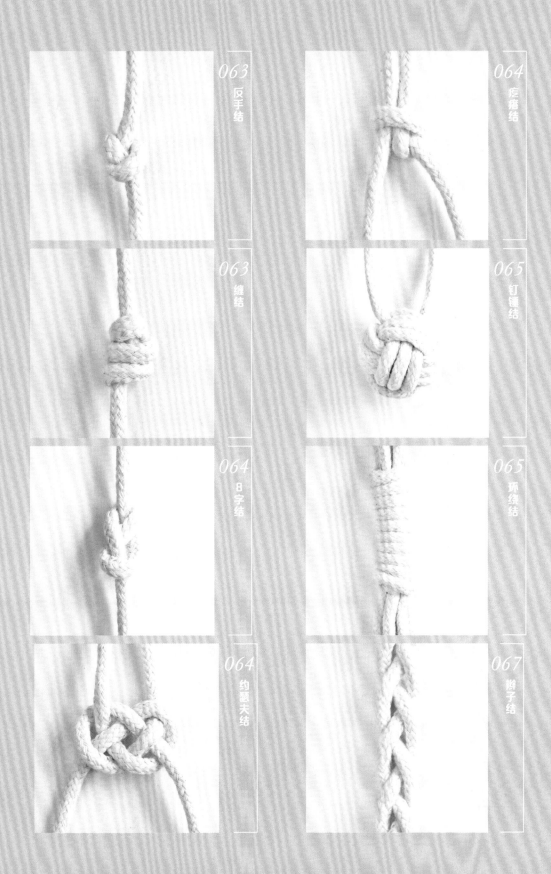

063 反手结

063 缠结

064 8字结

064 约瑟夫结

064 疙瘩结

065 钉锤结

065 环绕结

067 辫子结

云雀结

(云雀结 · 反云雀结 · 应用)

将绳子固定在木棍（或其他固定物）上的一种方式，多用于起头，也是挂毯类**最常见的起头方式**。云雀结的背面形式就是反云雀结。云雀结可以竖向编织为竖向云雀结，基础结还可以衍生出各种变形和排列。

云雀结

多用于起头，是挂毯类最常见的起头方式

云雀结基本形

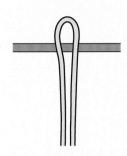 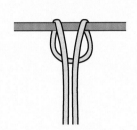 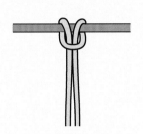

1. 绳子对折放在木棍上。

2. 将环折到木棍背面。

3. 将两根绳子穿进环里拉紧。

云雀结变形A

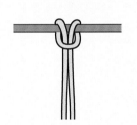 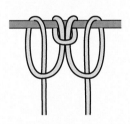 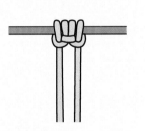

1. 做一个云雀结。

2. 将底部两根绳子从里面绕到外面，再各穿进环里。

3. 拉紧两根绳子。

云雀结变形B

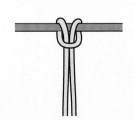 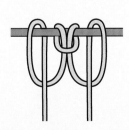 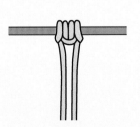 

1. 做一个云雀结。

2. 将底部两根绳子从外面绕到里面，再各穿进环里。

3. 拉紧两根绳子。

反云雀结

多用于花瓶口、包口的环状起头

反云雀结基本形

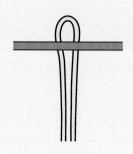
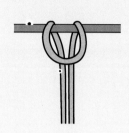

1. 将绳子对折放到木棍底部。

2. 将环折到木棍前面。

3. 将两根绳子穿进环里拉紧。

反云雀结变形A

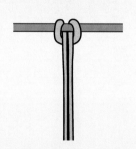
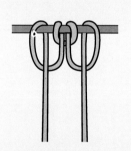
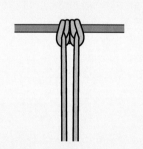

1. 做一个反云雀结。

2. 将底部两根绳子从外面绕到里面，再各穿进环里。

3. 拉紧两根绳子。

反云雀结变形B

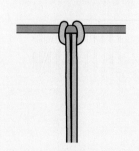
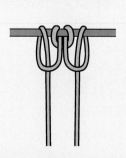
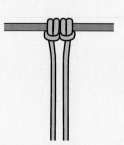
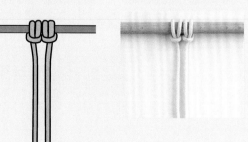

1. 做一个反云雀结。

2. 将底部两根绳子从里面绕到外面，再各穿进环里。

3. 拉紧两根绳子。

应 用

本书中作品的起头方式几乎都为云雀结和反云雀结

双头云雀结

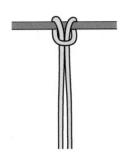

1. 做一个云雀结。

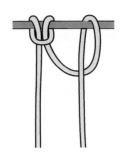

2. 一边的绳子拉上来,从外面绕到里面穿进环里。

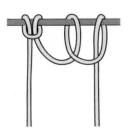

3. 再从木棍里面绕到木棍外面穿进环里。

4. 拉紧底部绳子。

单根线绕圆环

用一根绳子在木圈上绕云雀结。

反云雀结环形挂线

1. 将绳子用反云雀结挂在芯绳上,芯绳交叉。

2. 继续将绳子挂在芯绳上,做一圈环状反云雀结。

方形结

(基本形 · 变化形 · 排列组合方式)

方形结是Macramé最常用的基础结之一。中间不动的绳子为芯绳，左右编织的绳子为编绳。按编绳的先后顺序不同可分为左方形结和右方形结，按芯绳和编绳的数量不同可分为无芯绳、单芯绳、多芯绳、多线方形结。方形结也可以变形衍生出多种排列图案。

方形结基本形

右方形结是左方形结的反面（对称）形式

左方形结

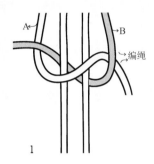

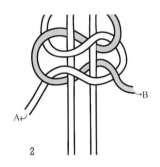

1. A放在芯绳上面，B放在A上再从芯绳的后面穿过A。

2. 再将A放在芯绳上，B放在A上再从芯绳的后面穿过A。

3. 将绳子拉紧，左右长度保持一致。

右方形结

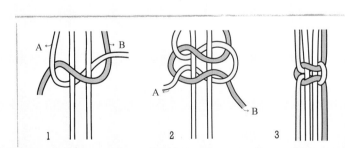

1. B放在芯绳上面，A放在B上再从芯绳的后面穿过B。

2. 再将B放在芯绳上，A放在B上再从芯绳的后面穿过B。

3. 将绳子拉紧，左右长度保持一致。

方形结变化形

左方形结使用较多，本书都以左方形结为例

芯绳的变化

无芯绳方形结

中间无芯绳，左右编绳直接编织。常用在包底部收尾或两根绳子接线时。

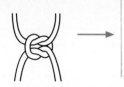

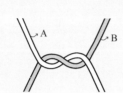

1. 将A、B线交叉，A线从B线上面出来。

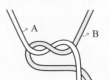

2. A线放在B线上。

3. A线从B线后面绕过B线，再从B上面出来。

单芯绳方形结

中间单根芯绳，左右编绳编织方形结。

多芯绳方形结

中间多根芯绳，左右编绳编织方形结。

多线方形结

中间多根芯绳，左右多根编绳编织方形结。

编绳的变化

单根编绳方形结

编绳为单根绳子，对折后直接起头，常做手链起头。

1. 取1根绳子对折绕在芯绳上。

2. 在绳芯上编织。

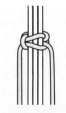

3. 拉紧，编一个方形结。

带花边方形结

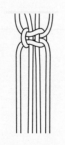

1. 做一个方形结。

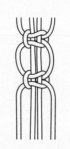

2. 距离上一个方形结一些距离再做一个方形结。

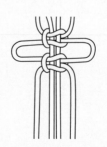

3. 将第二个方形结往上推形成花边。

4. 连续重复编织。

方形结头

编绳和芯绳分别为同一
根绳子，对折后直接起
头，常做手链起头等

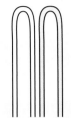

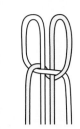

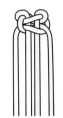

1. 取两根绳子对折，边缘
的绳子为编绳，中间的绳
子为芯绳。

2. 编绳交叉。

3. 编一个方形结头。

内外交替方形结：
方形结的编绳和芯绳交
替调换编织

1. 做一个方形结。

2. 方形结的编绳和芯绳
交替。

3. 继续编织方形结。

（ 方形结排列组合方式 ）

左方形结使用较多，这里都以左方形结为例

方形结简单排列

竖向排列

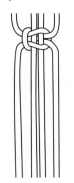

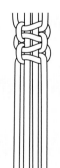

1. 做一个方形结。

2. 用同样的芯绳继续
编织方形结。

3. 连续重复编织。

圆环排列

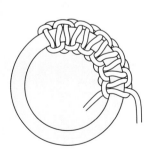

以圆环为芯，做方
形结环状排列。

一个结交错

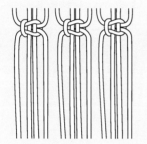 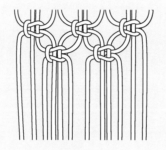 

1. 做一行方形结。

2. 第二行交错做方形结。

3. 重复排列。

一个半结交错

 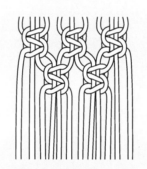 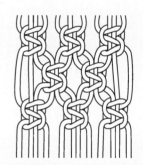

1. 做一行一个半的方形结。

2. 第二行交错排列一个半方形结。

3. 重复排列。

芯绳与编绳交换交错

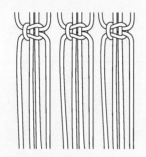  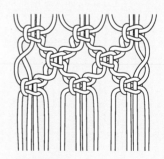

1. 做一行方形结。

2. 第二行的编绳和芯绳交换，交错排列做方形结。

3. 重复排列。

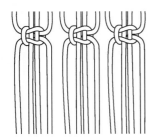 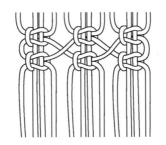 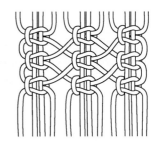

1. 做一行方形结。

2. 第二行，将每行的编绳交叉编织。注意芯绳始终不变。

3. 重复排列。

▲ 方形结三角形排列

正三角形

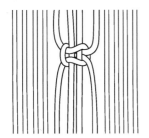 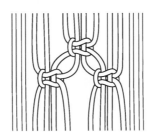 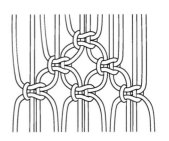

1. 取最中间的4根线做一个方形结。

2. 第二行交错做两个方形结。

3. 第三行交错做3个方形结，可逐行递增（方形结越多，三角形越大，结和结的留线长度可以改变三角形的斜度）。

倒三角形

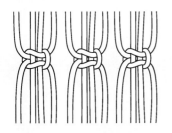 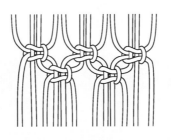 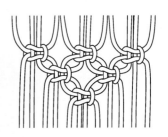

1. 第一行做3个方形结（可按需求做几个）。

2. 第二行交错做两个方形结。

3. 逐行递减，最后用一个方形结完成倒三角形排列。

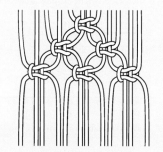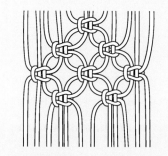

1. 上半部做方形结三角形排列。

2. 接着逐渐递减，做倒三角形排列。

3. 最后成一个菱形排列。

 方形结斜向排列

单斜

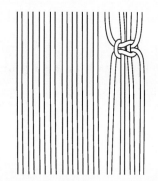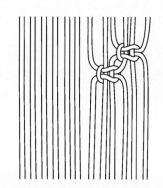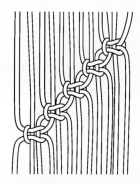

1. 做一个方形结。

2. 第一个方形结出来的两根线和旁边未编织的两根线做方形结。

3. 重复这样的排列。

人字形

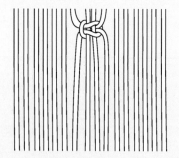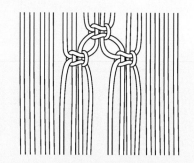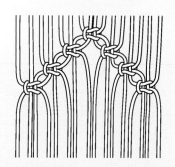

1. 取最中间的4根线做一个方形结。

2. 两边各斜向增加两根做方形结。

3. 重复排列，逐渐向两边斜成方形结人字形排列。

V字形

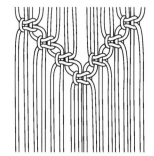

1. 各取最侧边的4根线做方形结。

2. 斜向中间做方形结。

3. 逐渐斜向中间完成方形结V字形排列。

横向波浪

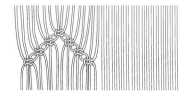

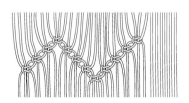

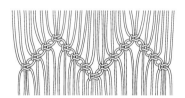

1. 先在左边做一个方形结人字形排列。

2. 再做一行方形结向左斜排列。

3. 再做一行方形结向右斜排列，重复排列成横向波浪状。

竖向波浪

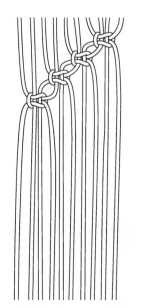

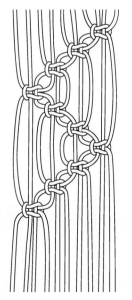

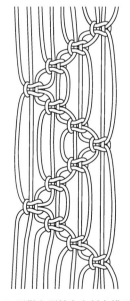

1. 做一排方形结向左斜向排列。

2. 再做方形结向右斜向排列。

3. 再做方形结向左斜向排列。

4. 再做方形结向右斜向排列，重复排列成竖向波浪状。

镂空菱形

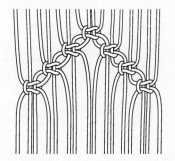

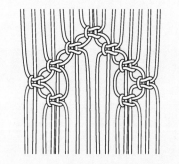

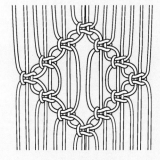

1. 先做方形结人字形排列。

2. 再做方形结斜向中间的V字形排列。

3. 完成方形结镂空排列。

镂空菱形+中间小方形结

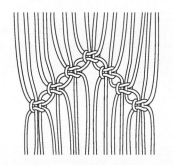

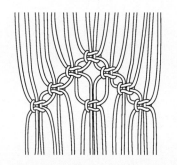

1. 先做方形结人字形排列。

2. 最中间的4根线做一个方形结。

3. 再做方形结V字形排列，成菱形。

镂空菱形+多线方形结

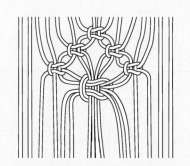

1. 做方形结人字形排列。

2. 中间4根绳子为芯绳，两边各两根编绳做多线方形结。

3. 再做方形结V字形排列，成菱形。

方形结连续排列

简单连续

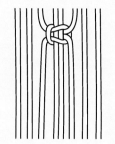 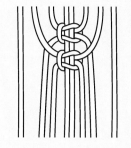 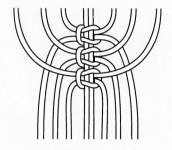

1. 最中间4根绳子做一个方形结。

2. 旁边各取一根，再在中间的芯绳上做一个方形结。

3. 重复两边的线在中间的芯绳上做方形结。

交错连续A

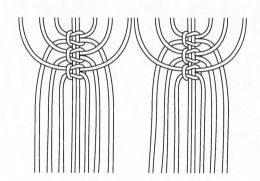 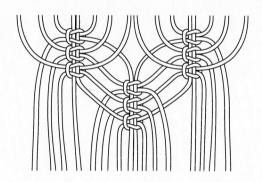

1. 做两排方形结连续排列组合。

2. 在两个组合中，各取一根绳子做芯绳，继续做方形结连续排列。

交错连续B

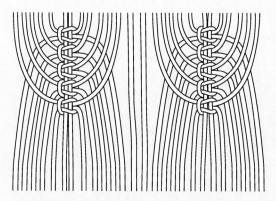 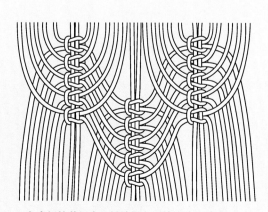

1. 做两排方形结简单连续排列组合，两个组合中间留两根线作下一组的芯绳。

2. 在中间的芯绳上，继续做方形结简单连续排列。

葫芦状连续

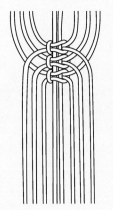 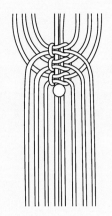 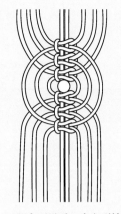 

1. 做3个方形结构成的一组连续排列。

2. 中间穿上一个木珠。

3. 用上面最后一个方形结的编绳做木珠下第一个方形结的编绳，如此重复。

4. 连续排列成葫芦状。

鱼骨状连续

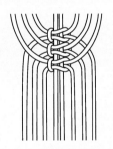 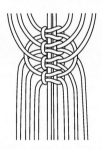 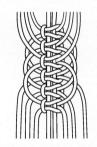

1. 做3个方形结构成的一组连续排列。

2. 用第一个方形结的编绳接着做下面的方形结。

3. 重复将上面方形结的编绳编织下面的方形结。

◎ 方形结球形排列

 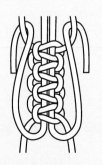  

1. 做4个方形结竖向排列。

2. 将中间的芯绳穿到最上面的芯绳和编绳的中间。

3. 芯绳拉到背面，中间鼓起成球状。

4. 拉到背面的线再被当下芯绳和编绳做一个方形结固定。

旋转结

(基本形 • 变化形 • 排列组合方式)

Macramé 常用结之一，**重复编织可呈旋转状**。按绕线顺序不同可以分为左旋转结和右旋转结。右旋转结可以看成是左旋转结的反面（对称）形成。排列方法可参考方形结，这里只列举几个最常用的排列组合方式。

旋转结基本形

绕线顺序不同可分为左旋转结和右旋转结

左旋转结

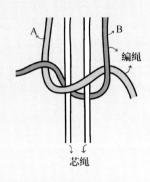
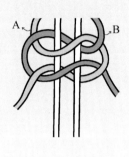

1. 将A线放在芯绳上，B放在A上，B 从芯绳的背面穿到A的正面，拉紧即 完成一个旋转结。

2. 重复第一步的做法。

3. 重复一直编织，将编绳往上推， 即可呈现旋转状。

右旋转结

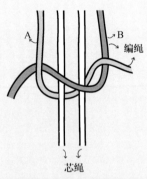
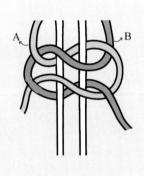

1. 将B线放在芯绳上，A放在B上，A 从芯绳的背面穿到B的正面，拉紧即 完成一个旋转结。

2. 重复第一步的做法。

3. 重复一直编织，将编绳往上推， 即可呈现旋转状。

旋转结变化形

左旋转较常见，这里以左旋转为例

双层旋转结

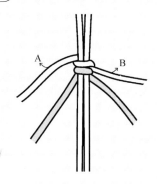 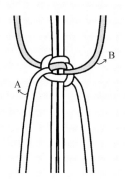

1. 取两根绳子A、B，两边等长，直接在芯绳上打结起头。

2. B先不编，A在芯绳上编织1次旋转结。

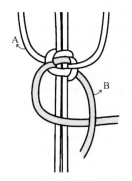 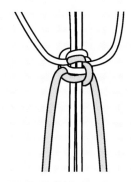 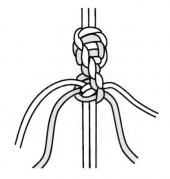

3. A拿起不编，B在芯绳上编织1次旋转结。

4. 一个双层旋转结完成。

5. 一直重复双层旋转结，编好的绳结往上推，形成旋转状。

旋转结排列组合方式

可参考方形结排列，这里以左旋转为例

单一交错

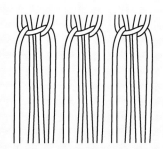 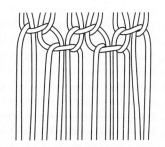 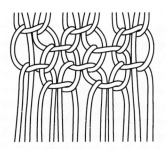

1. 第一行做单一旋转结。

2. 第二行交错做单一旋转结。

3. 重复编织。

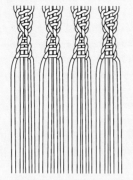

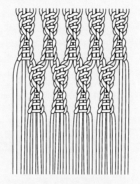

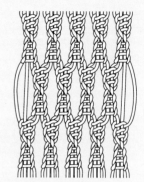

1. 做一行旋转结。

2. 第二行交错做旋转结。

3. 重复交错排列编织。

倒三角形排列

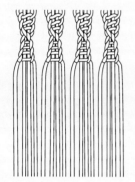

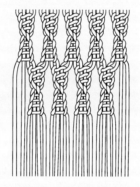

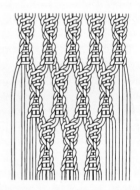

1. 做一行旋转结

2. 第二行做一行交错旋转结。

3. 第三行两边各递减一个旋转结。

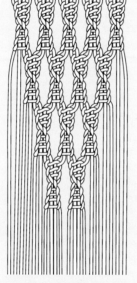

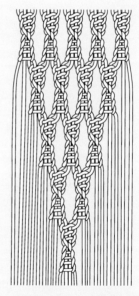

4. 第四行两边再递减一个旋转结。

5. 第五行做一个旋转结。

单绕结

(基本形 • 变化形 • 排列组合方式)

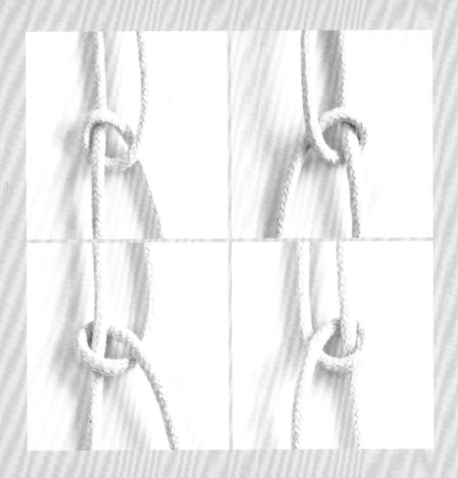

编绳单绕芯绳一圈形成的结。按绕线方向不同可分为左内单绕结、右内单绕结，它们的反面分别是左外单绕结、右外单绕结。重复编织可以形成轮结、左右单绕结，排列方式可参照方形结。

单绕结基本形

外单绕结是内单绕结的反面形式

左内单绕结

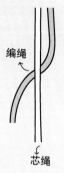

编绳

芯绳

1. 右边的编绳从内绕向左边的芯绳。

2. 绕过芯绳，从芯绳与编绳的中间穿出来。

3. 拉紧绳子。

右内单绕结

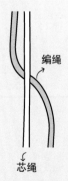

编绳

芯绳

1. 左边的编绳从内绕向右边的芯绳。

2. 绕过芯绳，从芯绳与编绳的中间穿出来。

3. 拉紧绳子。

左外单绕结

1. 右边的编绳从外绕向左边的芯绳。

2. 绕过芯绳经过芯绳与编绳的中间绕出来。

3. 拉紧绳子。

右外单绕结

1. 左边的编绳从外绕向右边的芯绳。

2. 绕过芯绳经过芯绳与编绳的中间绕出来。

3. 拉紧绳子。

单绕结变化形

这里以左外单绕结为例

轮结

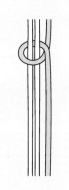 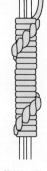

1. 绕一个左外绕结。　　　**2.** 重复绕左外绕结，将绳子往上推，可形成旋转状。

左右单绕结

1. 绕一个左外单绕结。　　**2.** 另一根绳子再绕一个右外单绕结。　　**3.** 重复绕左右绕结，拉紧绳子。

单绕结排列组合方式

单绕结的排列组合方式还可参考方形结

这里以左外单绕结为例

交错排列

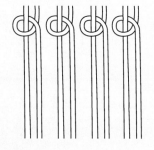 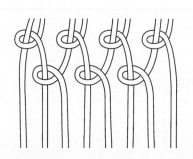 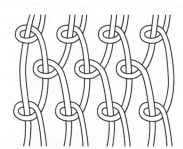

1. 绕一行外绕结。　　**2.** 第二行在上一行两个外绕结的中间　　**3.** 重复交错排列外绕结。
　　　　　　　　　交错排列。

双绕结

(基本形 · 排列组合方式)

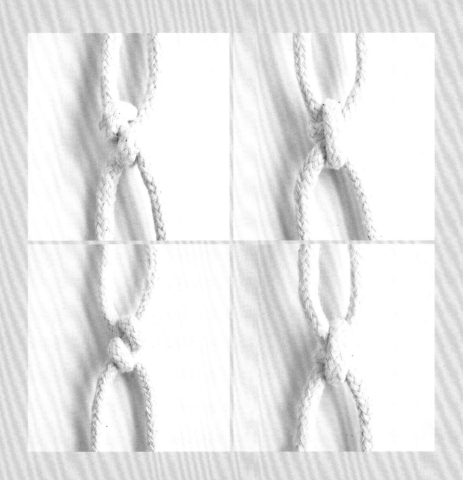

Macramé最常用的基础结之一，也可看成是单绕结的衍生，**通过单根编绳绕芯绳两圈形成双绕结**。按左右绕线方向不同可分为左内双绕结、右内双绕结，它们的反面分别是左外双绕结和右外双绕结。双绕结的排列方式多样，可以斜着排列、横着排列，也可以竖着排列，更可以组合成多种不同的图案。

双绕结基本形

外双绕结是内双绕结的反面形式，一般多用内双绕结

左内双绕结

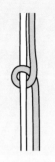  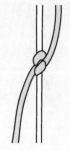

1. 做一个左内单绕结。

2. 芯绳不动，编绳再绕一个左内单绕结。

3. 拉紧编绳。

右内双绕结

  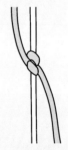

1. 做一个右内单绕结。

2. 芯绳不动，编绳再绕一个右内单绕结。

3. 拉紧编绳。

左外双绕结

1. 做一个左外单绕结。

2. 芯绳不动，编绳再绕一个左外单绕结。

3. 拉紧编绳。

右外双绕结

1. 做一个右外单绕结

2. 芯绳不动，编绳再绕一个右外单绕结。

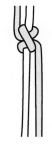

3. 拉紧编绳。

双绕结排列组合

内双绕结较为常用，以下双绕结的排列都以内双绕结为例

① 双绕结简单排列

向右的横向排列

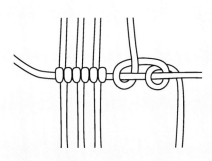

横向的绳子做芯绳不动，所有的线从左向右依次做双绕结，成直线排列。

向左的横向排列

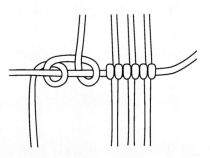

横向的绳子做芯绳不动，所有的线从右向左依次做双绕结，成直线排列。

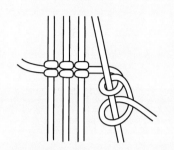

竖向的每根绳子都作芯绳不动，横向的绳子做编绳，从左向右做双绕结，成直线排列。

向左的竖向排列

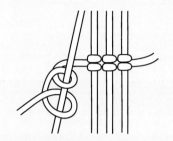

竖向的每根绳子都做芯绳不动，横向的绳子做编绳，从右向左做双绕结，成直线排列。

绕圆环的排列

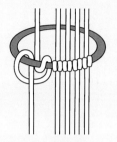

每根绳子用双绕结绕在圆环上。

双绕结斜向排列

向右的单斜排列

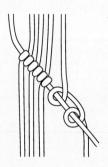

第一根绳子向右斜作芯绳不动，其他的绳子从左向右用双绕结绕它，成斜线排列。

向左的单斜排列

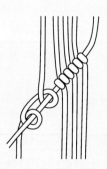

第一根绳子向左斜作芯绳不动，其他的绳子从右向左用双绕结绕它，成斜线排列。

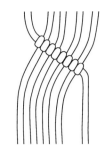 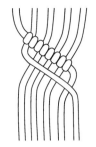 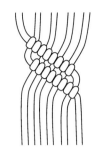 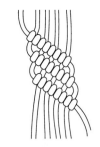

1. 做一行向右斜向双绕结。

2. 第一行斜向双绕结的第一根编绳作第二行被绕的芯绳。

3. 其他的绳子重复用双绕结绕芯绳，完成向右双绕结双行斜向排列。

4. 第三行重复前面的步骤，完成三行向右双绕结斜向排列。

向左的多行排列

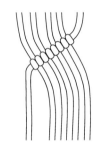 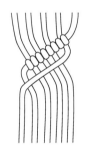 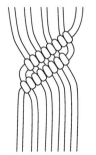 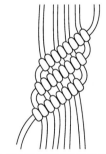

1. 做一行向左斜向双绕结。

2. 第一行斜向双绕结的第一根编绳作第二行被绕的芯线。

3. 其他的绳子重复用双绕结绕芯绳。完成向左双绕结双行斜向排列。

4. 第三行重复前面的步骤，完成三行向左双绕结斜向排列。

竖向波浪状排列

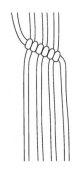 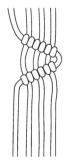 

1. 做一行向右斜向双绕结。

2. 芯绳不变，再做向左斜向双绕结。

3. 芯绳不变，再做向右斜向双绕结。

横向波浪状排列

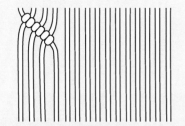 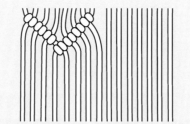 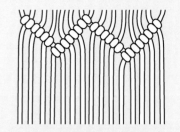

1. 左边第一根绳子作芯绳做一行向右斜的双绕结，绕3根绳子。

2. 左起第八根绳子作芯绳做一行向左斜的双绕结，成V字形排列。

3. 向左双绕结的第一根绕出的绳子作芯绳，再重复以上步骤，再做一个V字形排列，最后成波浪状。

十字交叉排列

 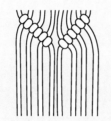  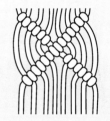

1. 左边第一根绳子作芯绳做一行向右斜的双绕结，绕3根绳子。

2. 右边第一根绳子作芯绳做一行向左斜向双绕结，绕3根绳子。

3. 中间交叉的地方，一根绳不动作芯绳，一根绳子绕双绕结。

4. 左右两边继续做向左向右的双绕结绕到最后一根为止（可以重复做多行）。

单行人字形排列

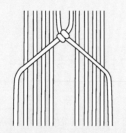 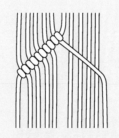 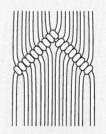

1. 最中间的两根绳子做一个双绕结，两根绳子分别斜向两边作芯绳。

2. 左边剩余的绳子绕芯绳做向左斜的双绕结。

3. 右边剩余的绳子绕芯绳做向右斜的双绕结，形成一个人字形。

双行人字形排列

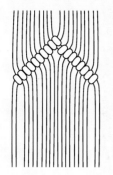

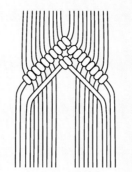

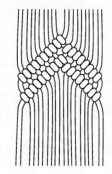

1. 做一行双绕结人字形排列。

2. 取最中间的两根线做一个双绕结，出来的两根线做第二行的芯绳。

3. 在第二行左右两边的芯绳上做双绕结，成双行人字形排列（可以一直重复做多行）。

单行V字形排列

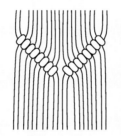

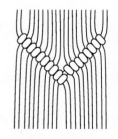

1. 左边第一根绳子斜向中间作芯绳，左边剩下的4根线作编绳做向右斜向双绕结。

2. 右边第一根绳子斜向中间，做向左斜向双绕结。

3. 中间用一个双绕结闭合成V字形。

双行V字形排列

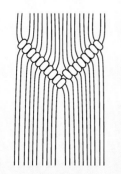

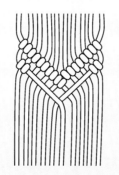

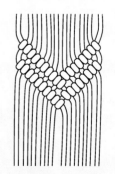

1. 做一行双绕结V字形排列，用双绕结闭合。

2. 取左右绕出的第一根绳斜向中间作第二行的芯绳，再做一个V字形排列。

3. 第二行双绕结逐渐做到中间位置，最后用一个双绕结闭合（可以一直重复做多行）。

单镂空菱形排列

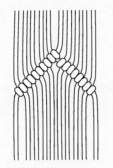

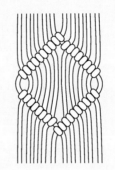

1. 先做一个双绕结人字形排列。

2. 左右两根芯绳再斜向中间做V字形排列，形成一个镂空菱形。

双行镂空菱形排列A

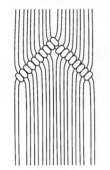

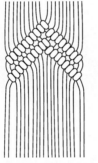

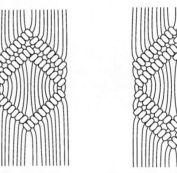

1. 做一行双绕结人字形排列。

2. 再做一行双绕结人字形排列。

3. 第二行左右两边的芯绳，继续斜向中间，做双绕结V字形排列，用双绕结闭合。

4. 再做一行双绕结V字形排列，用双绕结闭合。

双行镂空菱形排列B

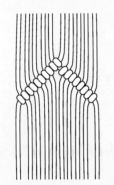

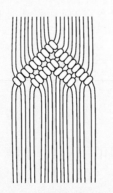

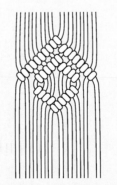

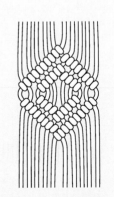

1. 做一行双绕结人字形排列。

2. 第一行中间的两根绳子做双绕结，两根芯绳斜向两边，再各做两个双绕结。

3. 第二行的芯绳斜向中间，做双绕结V字形排列，用双绕结闭合。

4. 第一行的芯绳斜向中间，做双绕结V字形排列，用双绕结闭合。

双行镂空菱形排列C

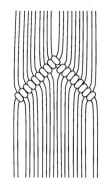

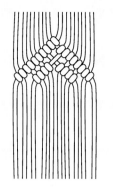

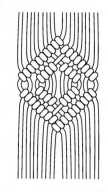

1. 做一行双绕结人字形排列。

2. 中间的两根绳子交叉做芯绳，斜向两边做斜向双绕结。

3. 第二行的芯绳斜向中间，做双绕绕结V字形排列，尾部不闭合。

4. 第一行的芯绳斜向中间，做双绕绕结V字形排列；最后用一个双绕结闭合。

单菱形排列+中间交叉编织

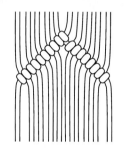

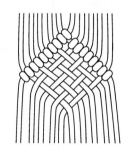

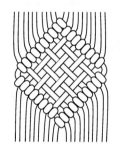

1. 做一行双绕结人字形排列

2. 中间的绳子交叉成网状。

3. 芯绳斜向中间，做双绕结V字形排列，尾部用双绕结闭合。

单菱形排列+中间2组交叉A

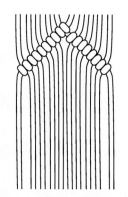

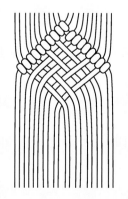

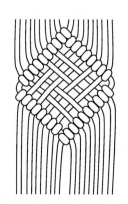

1. 做一个双绕结人字形排列。

2. 中间的绳子每两根做一组交叉。

3. 芯绳斜向中间，做双绕结V字形排列，用双绕结闭合。

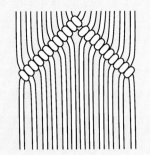 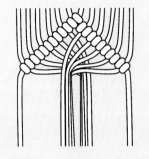 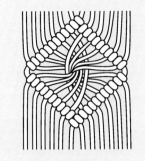

1. 做一行双绕结人字形排列。

2. 中间绕出的所有绳子分成两组做交叉排列。

3. 芯绳斜向中间，做双绕结V字形排列，用双绕结闭合。

单菱形排列+中间4组交叉A

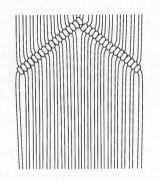 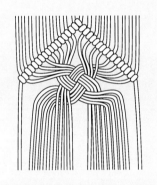 

1. 做一行双绕结人字形排列。

2. 中间绕出的所有绳子分成4组做交叉梅花状排列。

3. 芯绳斜向中间，做双绕结V字形排列，用双绕结闭合。

单菱形排列+中间4组交叉B

1. 做一个双绕结人字形排列。

2. 绕出的绳子分成4组，如图交叉呈鱼眼状。

3. 芯绳斜向中间，做双绕结V字形排列，用双绕结闭合。

单叶子排列

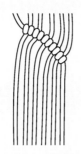 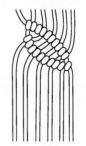

1. 做向右双绕结斜向排列,弯成叶子上半部分的弧度。

2. 取第一根绕出的绳子做第二行的芯绳,再做双绕结斜向排列,成弧状做叶子的下半部。

四叶草排列

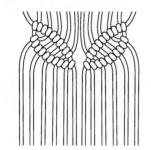 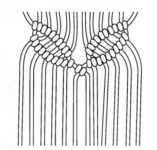 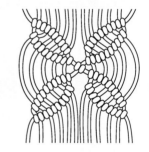

1. 做两片斜向中间的叶子。

2. 中间用双绕结连接。

3. 再做两片斜向外的叶子。

实心四叶草排列

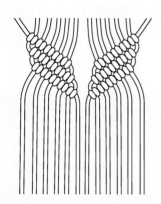 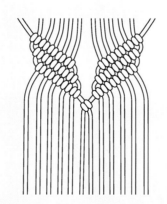 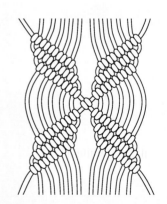

1. 左右各做三行双绕结斜向中间的排列。

2. 中间用双绕结连接。

3. 两根芯绳继续斜向两边,再分别做三行双绕结排列。

双绕结其他排列

合并排列

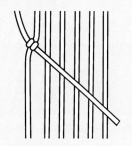

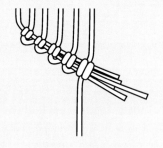

1. 做一个双绕结。

2. 将第一个双绕结绕出的绳与芯绳合并为芯绳，再做一个双绕结。

3. 每个双绕结绕出的编绳都与芯绳合并，再绕双绕结，一直重复。

连续排列

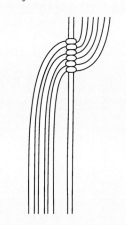

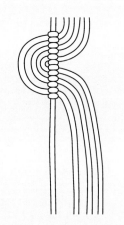

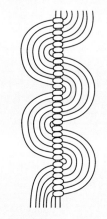

1. 取3根绳子，在同一根绳子上绕双绕结。

2. 出来的线，再在同一根绳子上绕双绕结，留出的绳成半圆形。

3. 重复绕双绕结。

交错排列

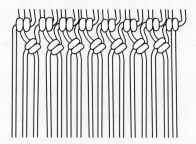

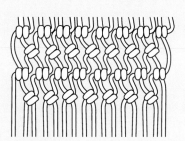

1. 做一行双绕结。

2. 第二行交错做一行双绕结。

3. 重复编织。

外内绕结

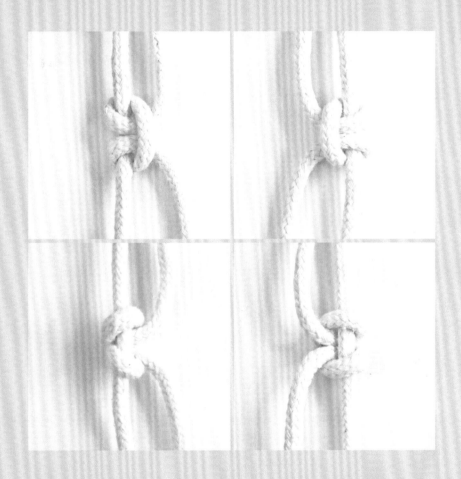

这种结可看成是单绕结和云雀结的衍生，又称为**竖向云雀结、竖向反云雀结**。根据左右绕线顺序不同分为左外内绕结和右外内绕结，它们的反面形式分别是左内外绕结和右内外绕结。

外内绕结

可以理解为两个单绕结的组合或竖向云雀结

左外内绕结

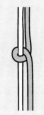  

1. 绕一个左外单绕结。　　　　**2.** 再接着绕一个左内单绕结。　　　　**3.** 两头拉紧。

右外内绕结

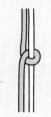  

1. 绕一个右外单绕结。　　　　**2.** 再接着绕一个右内单绕结。　　　　**3.** 两头拉紧。

内外绕结

内外绕结是外内绕结的反面形式，也称竖向反云雀结

左内外绕结

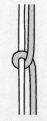  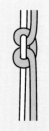

1. 绕一个左内单绕结。　　　　**2.** 再接着绕一个左外单绕结。　　　　**3.** 两头拉紧。

右内外绕结

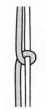  

1. 绕一个右内单绕结。　　2. 再接着绕一个右外单绕结。　　3. 两头拉紧。

排列组合方式

以外内绕结为例

同向竖向排列

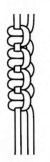

连续做同方向的外内绕结。

一左一右竖向排列

做一个左外内绕结，再做一个右外内绕结，交替重复。

环状排列

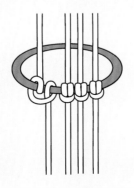

每根绳子都用外内绕结绕在圆环上。

多宝结

（ 三宝结 · 四宝结 ）

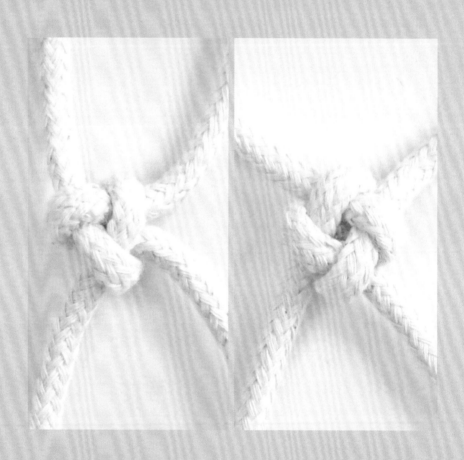

多宝结因其**一个一个小元宝状而得名**，三瓣凸起是三宝结，四瓣凸起是四宝结。这里简单介绍常见的三宝结、四宝结，以及四宝结的变化形式。

三宝结

三宝结常用来做网状编织

059

三宝结基本形

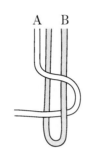

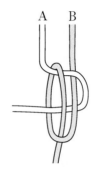

1. A从上面绕过B。

2. B从下面再绕过A。

3. B再绕过A，穿进底部的环里。

4. 调整后拉紧。

三宝结交错排列

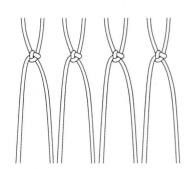

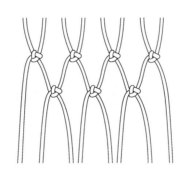

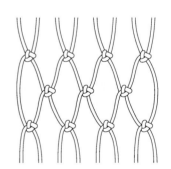

1. 做一排三宝结。

2. 第二行交错做一行三宝结。

3. 重复编织。

四宝结

四宝结也常用做网状编织，还可编出花样的粗绳

四宝结基本形

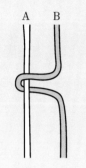   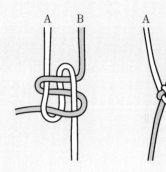

1. B从A的上面绕到下面。

2. A从上面绕到B下面。

3. A再绕到B的上面。

4. B再从A上面穿过来，再绕进A的环里。

5. 调整后拉紧。

四宝结交错排列

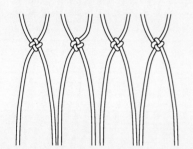 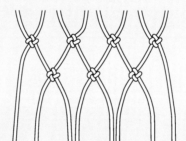 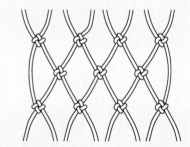

1. 做一行四宝结。

2. 第二行交错做一行四宝结。

3. 重复编织。

四宝结圆柱状

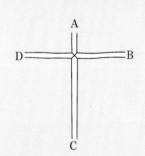 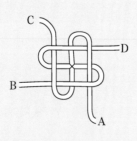 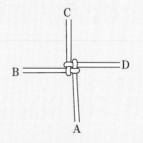 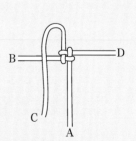

1. 取4根绳子（或两根）摆放成十字形状。

2. 如图所示，彼此穿绕。

3. 形成1个四宝结。

4. 将C放置在A上面。

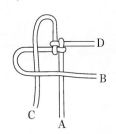
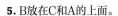
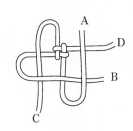
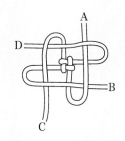
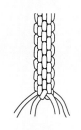

5. B放在C和A的上面。

6. A放在B和D的上面。

7. 将D放在A和C的上面，均匀拉直。

8. 边做边拉紧，重复，成圆柱状。

四宝结菱柱状

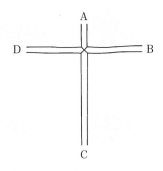
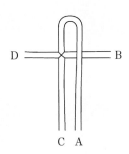
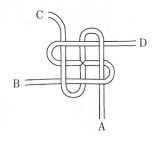

1. 取4根绳子（或两根）摆放成十字形状。

2. 将A拉起。

3. 如图所示，彼此穿绕。

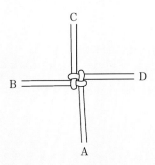

4. 形成1个四宝结。

5. 依次重复同方向编织，边做边拉紧，成菱柱状。

其他结

（ 聚　结　·　反手结　·　缠　结　·　8字结　·　约瑟夫结
疙瘩结　·　钉锤结　·　环绕结　·　流　苏　·　辫子结 ）

除了前面列举的基础结外，在编织过程中还会用到各种其他单一结，这些单一结可以和常用结组合排列，让编织更丰富多样。

聚结

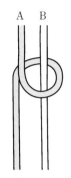
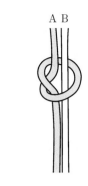

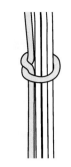

1. A绕过B。

2. 绕回A的圈里。

3. 调整后拉紧。

4. 可将多根绳子聚在一起。

反手结

1

2

3

1. 绳子从底部绕到上面回转再绕进圈里。

2. 拉紧。

3. 多根绳同样的打结方法。

缠结

1

2

3

1. 将绳子从底部绕上去。

2. 在原来的绳上绕3圈。

3. 拉紧。

8字结

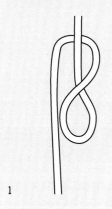
1

2

3

1. 绳子绕出一个8字状。

2. 绕回到圈圈里。

3. 拉紧。

约瑟夫结

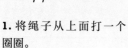

1. 将绳子从上面打一个圈圈。

2. 另外一根绳子从底部绕过这个圈圈。

3. 如图穿进第一个圈里。

多线可同样方法编织。

疙瘩结

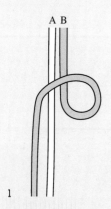
A B
1

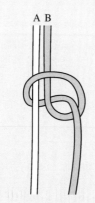
A B
2

A B
3

1. 将B线从上面打个圈。

2. 绕过A线穿回到圈圈里。

3. 拉紧。

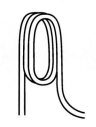  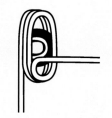 

1. 将绳子绕成圈，绕3圈。　　**2.** 中间放一颗珠子。　　**3.** 将绳子横着绕圈。　　**4.** 绕三圈。

5. 再接着竖着绕绳子，绕　　　**6.** 绕着珠子，绕3圈。　　　　**7.** 线头沿着原来绕线的顺序
到珠子里。　　　　　　　　　　　　　　　　　　　　　　　　　拉，拉出绳子，收紧球形，
　　　　　　　　　　　　　　　　　　　　　　　　　　　　　　完成。

环绕结

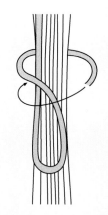

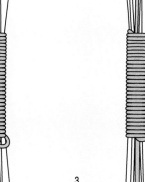

1 　　　　　　　2 　　　　　　　3

1. 中间为芯线，另外取一
根线，成V字状，绕线。
2. 重复绕到V字的位置，
将尾巴的线绕进开始的V
字圈圈里。
3. 将双头的线拉紧。

流苏1

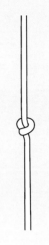

1. 单根绳子打一个反手结。

2. 将流苏线等分绑在中间的那根绳子上。

3. 将上面的流苏线放下来。

4. 拿一根绳子绑住流苏的头，完成。

流苏2

1

2

1. 先拿一根绳子把流苏先对半绑一结。

2. 再拿一根绳用环绕结绑流苏头。

流苏3

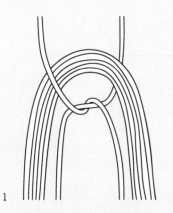

1

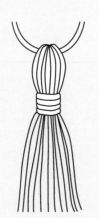

2

1. 把绳子打个结，再把流苏放在结上面。

2. 再拿一根绳用环绕结绑流苏的头。

辫子结

三股辫子结

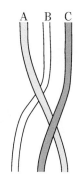  

1. 3根绳子并排，A穿过B在上，A再穿过C在下。

2. B接着穿过C在上。

3. A穿过B在上，一直重复。

四股辫子结

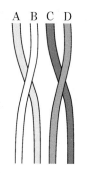 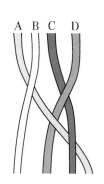  

1. 4根线并排，A穿过B在下，C穿过D在下。

2. A穿过D在上，再穿过C在下。

3. B穿过D在下，穿过C在上，再穿过A在下。

4. 重复编织并拉紧。

五股辫子结

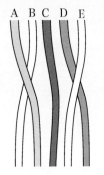 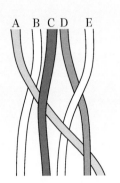  

1. 5根线并排，A穿过B在上，D穿过E在下。

2. A穿过C在下，穿过E在上，穿过D在下。

3. B穿过C在上，穿过E在下，穿过D在上，穿过A在下。

4. 重复编织，并拉紧。

六股辫子结

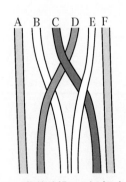 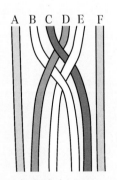  

1. 6根线并排，C穿过D在下，B穿过D在下，E穿过C在上。

2. B穿过E在上。

3. F穿过C在下，B穿过F在下。

4. A穿过D在上，穿过E在下，转过F在上，再穿过C在下，穿过B在上，重复编织并拉紧。

各种组合结

绳结艺术的魅力就在于它有丰富的变化和组合，创造出无数种可能性。

双苏麦克纹

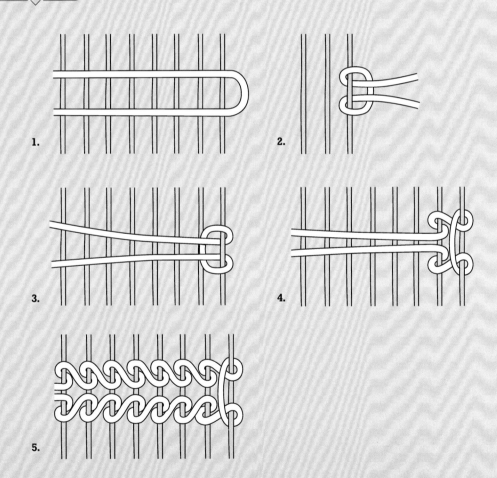

双苏麦克纹多用于羊毛条或者花式线与普通线的结合。

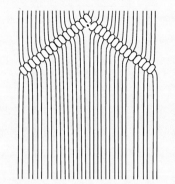

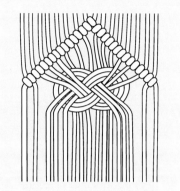

1. 做双绕结人字形排列。

2. 中间6根绳子不编，两边每3根1组，做约瑟夫结。

3. 接着做双绕结V字形，尾部用双绕结闭合。

双绕结菱形+方形结连续排列

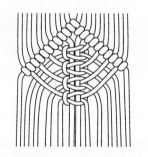

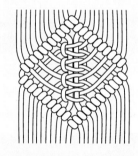

1. 做双绕结人字形排列。

2. 中间两根作芯绳，做连续方形结排列。

3. 接着做双绕结V字形，尾部用双绕结闭合。

双绕结菱形+方形结交错排列

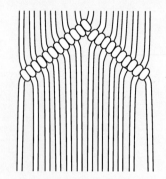

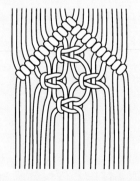

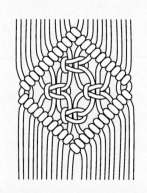

1. 做双绕结人字形排列。

2. 中间8根绳子做方形结交错排列。

3. 接着做双绕结V字形，尾部用双绕结闭合。

双绕结菱形+多线方形结

 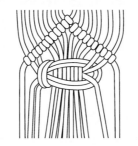 

1. 做双绕结人字形排列。

2. 中间6根绳子做芯绳，两边各两根绳子做编绳，做多线方形结。

3. 接着做双绕结V字形，尾部用双绕结闭合。

双绕结菱形+多芯绳方形结

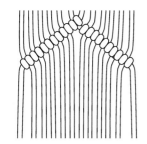 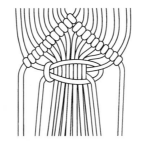 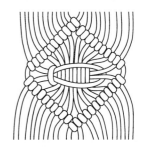

1. 做双绕结人字形排列。

2. 中间8根绳子做芯绳，两边各1根绳子做编绳，做单芯绳方形结。

3. 接着做双绕结V字形，尾部用双绕结闭合。

贝壳结（方形结+绕结）

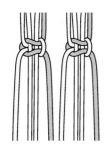 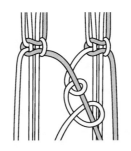 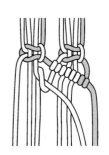

1. 做两个方形结。

2. 左边方形结的最右边的绳子做芯绳，另外一个方形结的最左边的绳子做编绳，绕一行双绕结。

3. 左边方形结的线继续当芯绳，另外一个方形结的线继续用双绕结绕它。总共绕4行。

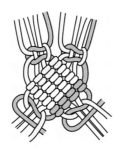 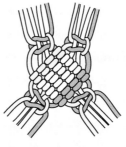

4. 所有的芯绳打一个方形结。所有的编绳打一个方形结。

5. 拉紧两个方形结，贝壳即凸出，成贝壳状。

03

编织美丽的家

空气凤梨小挂件 制作见102

大圈圈套上小圈圈，加上棉绳的缠绕，一个简单的空气凤梨小挂件就完成了。

难度 ★★☆☆☆

用**横向双绕结重复编织**的小杯垫，
厚实，很适合做隔热杯垫，又给我
们的餐桌添加不同的颜色，让茶杯
也变得更有生气。

难度　★★☆☆☆

染色挂毯 制作见104

像画画一般，把心中所想画在挂毯上，可以是彩虹，可以是山水。这幅作品是用刷子做出**渐变色的挂毯**。

难度 ★★☆☆☆

浅浅的粉色和紫色，搭配棉绳的
米白色，加上粉粉的羊毛条，让
这款挂毯充满了少女心。一直重
复竖向双绕结的编法，新手也可
以很快上手。

难度　★★☆☆☆

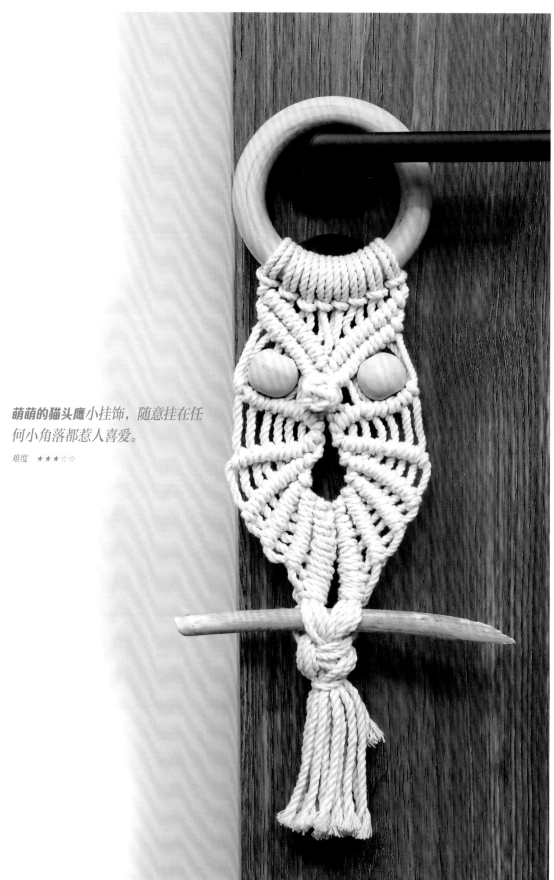

萌萌的**猫头鹰**小挂饰，随意挂在任
何小角落都惹人喜爱。

难度 ★★★☆☆

看腻了黑色的相机背带，试试这款手
编的背带吧，**棕色棉绳配上木珠**，简单
质朴，让相机也分外文艺。

难度　★★★☆☆

网兜包 制作见108

通过双绕结和三宝结的结合，
做出这款带着镂空的网兜包，
休闲又时尚。可以收纳水果、
蔬菜，或者书本、玩具。

难度 ★★★☆☆

注：底部双绕结绕成圆
盘的方法可以同样用来
作杯垫、地垫。

这款手提包用了大量的方形结。重复的绳结，让包包看起来**简约整齐**，凸出的方形结球形又让包包不失可爱，适合日常使用。

难度　★★★★☆

给普通的玻璃瓶披上一件亲手**编织的美丽衣裳**，
简单的线条和图案便能把这个瓶子衬托的与
众不同。插上鲜花，它是花儿的护花使者。
点上蜡烛，它是浪漫的营造者，灯光点点透过
Macramè，**浪漫满屋**。

难度 ★★★☆☆

这款圆形隔板吊网，不仅可以用来放圆盘，也可以用来装花盆，挂在床头或者角落里，**美观又实用**。

难度　★★★☆☆

这是一款中间重复同样图案的垫子，可以是地垫，也可以是桌垫，**手感柔软又厚实**，高密度的编织让它更不易变形，适合一年四季的每一天。

难度 ★★★★☆

Macramé 挂毯搭配一字隔板架，造型简单，却可以充分节省空间，收纳生活中**零散的小美好**，比如摆件、艺术品，或者植物，为大白墙增加一抹不一样的风景。

难度　★ ★ ★ ☆ ☆

双层小挂毯 制作见118

双层叠加的小挂毯，斜向中间的流苏和中间凸起的球形方形结，让这款挂毯**可爱又飘逸**，带着浓烈的波西米亚情怀，搭配任何一种家居风格都是点睛之笔。

难度　★★★☆☆

双层泡面流苏挂毯 制作见120

米白色的泡面棉绳与任何墙面和装饰物都可以完美搭配。泡面绳散开的流苏弯弯曲曲，成泡面的 Q弹状，**不张扬又不失品位**。

难度 ★★★☆☆

将树枝和叶子编织进挂
毯，把窗外的风景带
进家中。

难度 ★★★☆☆

把繁茂的植物和花儿用Macramé
编织的花篮悬挂放置，不仅能节省
空间，**更装饰了墙面。**这款花篮简
单好做，配上鹿角，更显生动。

难度 ★★★☆☆

像天使的羽毛坠入人间，用来捕获
美丽的梦幻，让噩梦随清晨的阳光
而消逝。

难度 ★★★☆☆

这款**三角形造型**的挂毯，看似复杂，实则简单易操作，1个小时便能编织完成，新手学习再好不过了。

难度　★★★☆☆

圆形灯罩 制作见130

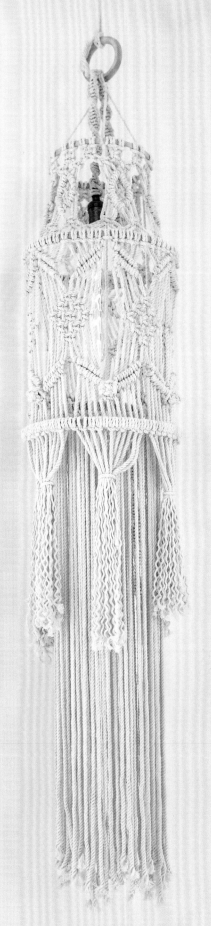

棉绳与竹圈组合的灯罩，像个灯笼，**朴实自然**。摇曳的灯光穿过棉绳的间隙，映透出编织的图案，恬静而美好。

难度 ★★★★☆

这款作品可以当桌旗，也可以当床旗，让餐厅和卧室变得有仪式感。简单又自然，为我们的家居带来更多**温暖和活力**。

难度　★★★★☆

灰色挂毯 制作见134

看惯了本白的颜色，试试换个灰色，高雅又耐看，加上两边的小流苏，**稳重而不失可爱**。

难度　★★★★☆

菱格抱枕套 制作见136

整齐的方形结交错排列和菱形格子，让这个抱枕看起来清爽、自然，搭配任何一种家居风格都游刃有余。

难度 ★★★★☆

像**三角旗**一般的弧状挂毯，可以做窗帘头，门帘头，也可以做床头装饰。

难度　★★★☆☆

门帘 制作见140

灵动的绳子，雅致的图案，这款门帘简单好做，却别出心裁。可以搭配木棍，也可以搭配滑动轨道，像普通窗帘一样好伸缩。

难度 ★★★★☆

一入卧室便会被这大幅的Macramé窗帘吸
引，**镂空的棉绳让光影成线**，微风轻拂，只
见摇曳的光影在卧室里跳舞。

难度　★★★★★

空气凤梨小挂件

作品见074 ★★☆☆☆

成品尺寸 长50厘米，宽30厘米
材料 4毫米棉绳（2.5米×2根），直径30厘米竹圈×1个，
　　　　直径10厘米小木圈×1个，直径5.5厘米小木圈×1个
工具 架子，挂钩，剪刀，尺子

基础结	021页	025页	026页	046页	063页

云雀结·方形结·带花边方形结·双绕结绕圆环·反手结

编织步骤图

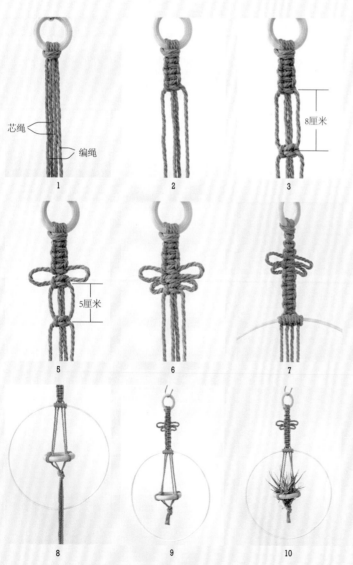

芯绳
编绳

8厘米

5厘米

1　2　3　4　5　6　7　8　9　10

1　取2根2.5米长的绳子对折，用云雀结挂在
　5.5厘米的小木圈上面，注意中间两根芯绳
　留80厘米，编绳留170厘米。
2　做3个竖向排列的方形结。
3　距离8厘米左右再做一个方形结。
4　将方形结推上去，形成方形结花边。
5　再距离5厘米左右做一个方形结。
6　将方形结再推上去，形成一个小花边。
7　再做4个竖向排列的方形结。取30厘米的竹
　圈，竹圈作为芯绳用，4根编绳在竹圈上面
　绕双绕结。
8　接着在竹圈的中间位置，加一个10厘米的
　小木圈，用双绕结固定。在木圈的底部打一
　个反手结。
9　将底部绳子剪掉。
10　放上空气凤梨，完成。

制作

粉色杯垫

作品见075　★★☆☆☆

成品尺寸　长20厘米，宽20厘米

材料　3毫米单股棉绳（2米×12根、20厘米×20根）

工具　30厘米木棍，挂钩，剪刀，尺子

基础结

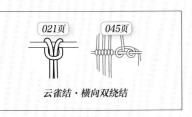

021页　　045页

云雀结·横向双绕结

—— *编织步骤图* ——

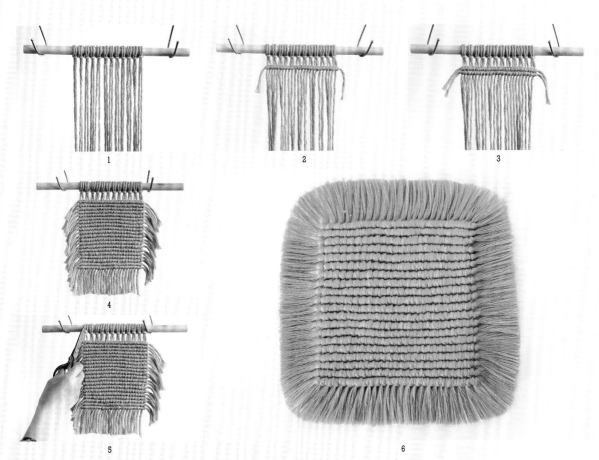

1

2

3

4

5

6

1 取12根2米长的绳子，对折后头尾对齐，用云雀结挂到木棍上。

2 取一根20厘米长的棉绳，在距离顶部3厘米的位置做横向双绕结，头尾各留出5厘米长的流苏。

3 第二行紧贴着上面的双绕结，取20厘米的绳子重复横向双绕结。

4 剩余的绳子全部重复上面的横向双绕结，底部也留出5厘米做流苏。

5 将绳子从云雀结的位置全部剪断。

6 将杯垫取下，流苏全部散开，修剪形状，完成。

染色挂毯

作品见076 ★★☆☆☆

成品尺寸 长75厘米，宽50厘米

材料 4毫米三股棉绳（180厘米×42根），50厘米木棍×1根，染色粉（玫红、碧蓝）

工具 架子，挂钩，剪刀，尺子，手套，保护膜，勺子，刷子，水盆

基础结

022页

反云雀结

编织步骤图

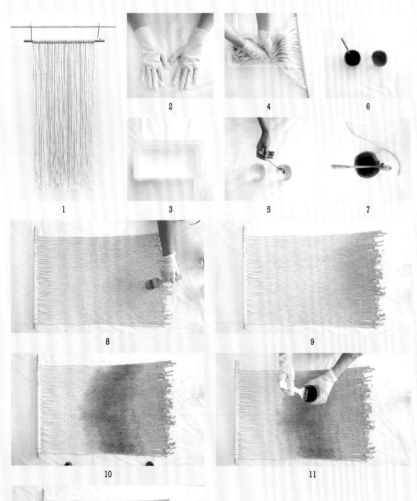

1 将42根180厘米长的绳子对折，头尾对齐，用云雀结挂在木棍上。

2 桌子铺上保护膜，双手配戴手套。

3 取一盆清水。

4 将棉绳浸泡在清水里，揉搓，完全沾湿，然后拧干。

5 取两杯凉开水，各150毫升。用小勺子取2克左右的玫红和碧蓝色染色粉调入水中。

6 搅拌均匀。

7 可以取一根绳子试色，调节染料浓度到自己想要的颜色。

8 将挂毯摊开，整理整齐。先刷上浅一点的碧蓝色。

9 在原有染料中再加0.5克碧蓝的染色粉，调深染料后刷上深一点的碧蓝色，刷成带有弧度的形状。

10 接着刷玫红色，过渡的地方会变成紫色。

11 加入一点开水，将玫红色染料调淡一点。再刷一层浅一点的玫红色。

12 最后平铺晾干或者悬挂晾干，完成。

12

彩色小挂毯

作品见077　★★★☆☆

成品尺寸　长60厘米，宽40厘米

材料　4毫米本色三股棉绳（1.4米×13根、2米×24根），4毫米粉色三股棉绳（4米×1根、2米×2根），4毫米紫色三股棉绳（4米×1根、2米×2根），羊毛毯2米×1根

工具　架子，挂钩，剪刀，尺子，木棍

基础结

022页	046页	069页

反云雀结变形B · 竖向双绕结 · 苏麦克纹

—— 编织步骤图 ——

1

2

3

4

5

6

7

8

9

10

1　取13根1.4米长的棉绳，对折头尾对齐，用反云雀结变形B挂在木棍上。

2　取一根4米的粉色棉绳，距离上面3厘米的位置做三角形竖向双绕结排列。

3　再取一根4米的紫色棉绳，距离上面3厘米的位置做三角形竖向双绕结排列。

4　取1根2米的本色棉绳，在最上层做一行竖向双绕结，两边线头留5厘米长。

5　其他的区域同样一直用竖向双绕结，一排一排重复，填满，最后在三角形下面再做2行竖向双绕结，两边线头留5厘米。

6　再做2行粉色、1行本色、2行紫色、1行本色的竖向双绕结，两边线头留5厘米。

7　隔5厘米再做1行竖向双绕结排列，两边线头留5厘米。

8　取1根2米的羊毛条，3厘米粗，做苏麦克纹，将羊毛条的线头藏在背面。

9　底部再做一行竖向双绕结，两边线头留5厘米。

10　将底部和左右两边的线头修剪整齐，完成。

猫头鹰挂饰

作品见078 ★★★☆☆

成品尺寸 长37厘米，宽10厘米
材料 3毫米三股泡面棉绳（2米×8根），大孔木珠×2个，20厘米原木棍×1根
工具 架子，挂钩，剪刀，尺子

基础结

| 021页 | 049页 | 046页 | 034页 | 054页 | 026页 |

云雀结·双行双绕结V字形排列·斜向双绕结·方形结球形·双绕结合并排列·多线方形结

--- 编织步骤图 ---

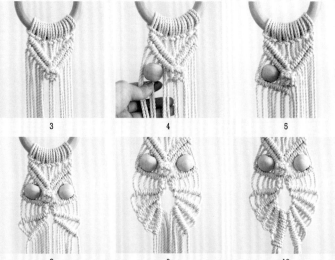

1 取8根2米长棉绳，对折头尾对齐，用云雀结挂在木圈上。
2 做双行双绕结V字形排列。
3 在中间4根绳子上做一个方形结球形，作为猫头鹰的嘴巴。
4 在左起第3根和第4根，穿一个木珠，做猫头鹰的眼睛。
5 左边第一根绳子向右斜，做斜向双绕结，绕到中间。
6 右边同样的做法，穿木珠，做左斜双绕结。
7 上一行芯绳再各自斜向两边做斜向双绕结。
8 中间两根绳子再分别斜向两边，再各做一行双绕结。
9 再用同样的方法，两边各再做几行斜向两边的双绕结，成为猫头鹰的身体。
10 做双绕结合并排列，成为猫头鹰的腿。
11 拿一根小木棍，放在剩余的线中间，线分成4组。
12 做一个多线方形结。
13 尾巴修剪整齐，完成。

相机背带

作品见079 ★★★☆☆

成品尺寸 长80厘米，宽4.5厘米

材料 2.5毫米包芯棉绳（6米×6根），大孔木珠×2个，钥匙扣×2个

工具 架子，挂钩，剪刀，尺子

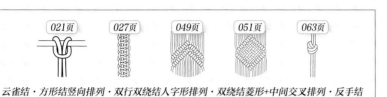

基础结

021页　027页　049页　051页　063页

云雀结·方形结竖向排列·双行双绕结人字形排列·双绕结菱形+中间交叉排列·反手结

———— 编织步骤图 ————

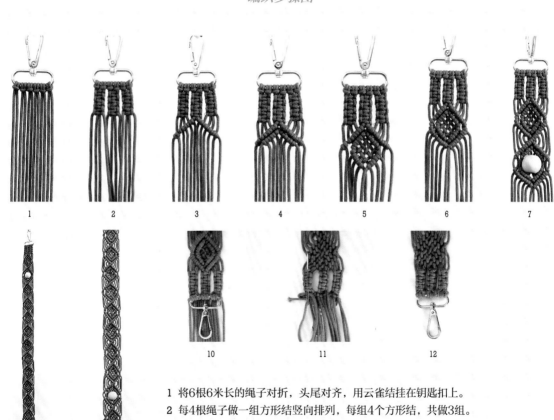

1　将6根6米长的绳子对折，头尾对齐，用云雀结挂在钥匙扣上。

2　每4根绳子做一组方形结竖向排列，每组4个方形结，共做3组。

3　最中间的两根斜向两边，做双绕结人字形排列，绕5根。

4　中间两根线交叉，斜向两边，做双绕结人字形排列，绕3根。

5　中间做一个双绕结菱形+中间交叉排列。

6　最外面的两根线再斜向中间，做双绕结V字形排列，尾巴用双绕闭合。

7　接下来相同的方法再做一个双行的双绕结菱形排列，中间不要交叉而是穿一个木珠。

8　重复步骤3~6，做10个相同的图案，再做一个加珠子的菱形，然后再重复第一个图案。

9　每4根做一组方形结竖向排列，每组4个方形结，做3组。

10　用反手结把每根绳子固定在另一个钥匙扣上。

11　在反面用针把线藏在方形结里。

12　全部藏进去后，把多余的线剪断。

13　完成。

网兜包

作品见080　★★★☆☆

成品尺寸　长58厘米，宽度有弹性
材料　3毫米包芯棉绳（6米×1根、3米×若干），8米×2根，1米×2根
工具　尺子，剪刀，钩针

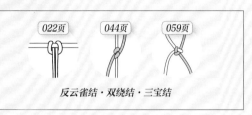

基础结

022页　044页　059页

反云雀结·双绕结·三宝结

—— 编织步骤图 ——

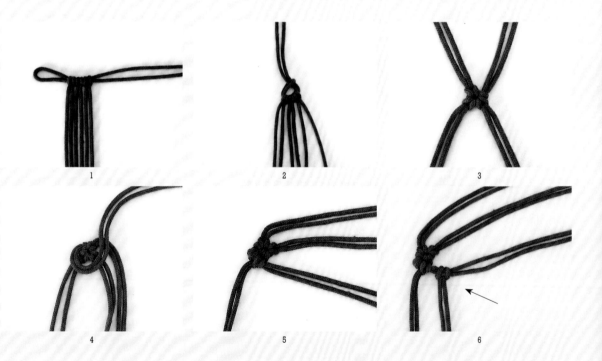

1　2　3

4　5　6

1　先取1根6米的绳子，对折，头尾对齐，作芯绳；再取3根3米的绳子，对折，头尾对齐，用反云雀结挂在芯绳上。
2　将2根芯绳穿到第一个圈圈里。
3　拉紧。
4　芯绳接下来要和其他所有的绳子绕双绕结。
5　每2根绳子为一股，绕双绕结。
6　另外取一根3米的绳子，对折，头尾对齐，用反云雀结挂在芯绳上。

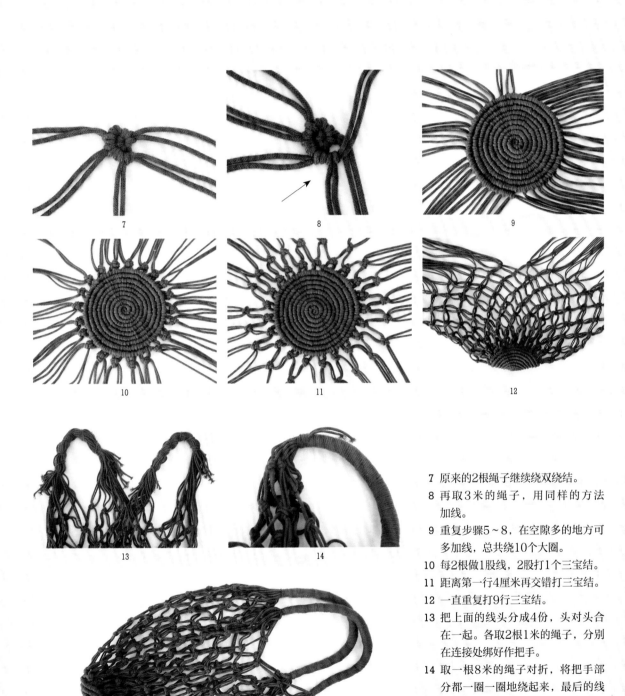

7　　原来的2根绳子继续绕双绕结。

8　　再取3米的绳子，用同样的方法
　　　加线。

9　　重复步骤5~8，在空隙多的地方可
　　　多加线，总共绕10个大圈。

10　每2根做1股线，2股打1个三宝结。

11　距离第一行4厘米再交错打三宝结。

12　一直重复打9行三宝结。

13　把上面的线头分成4份，头对头合
　　　在一起。各取2根1米的绳子，分别
　　　在连接处绑好作把手。

14　取一根8米的绳子对折，将把手部
　　　分都一圈一圈地绕起来，最后的线
　　　头用钩针藏在纹路里。多余的线头
　　　剪断。

15　两组把手同样绕好，完成。

手提包

作品见081　★★★★☆

成品尺寸　长32厘米，宽30厘米
材料　3毫米包芯棉绳（3米×56根），手挽1对
工具　架子，挂钩，量尺，剪刀，白乳胶

基础结

021页	025页	027页	028页	027页	034页	049页

云雀结·方形结·方形结头·方形结交错排列·方形结竖向排列·方形结球形·双绕结V字形排列

—— 编织步骤图 ——

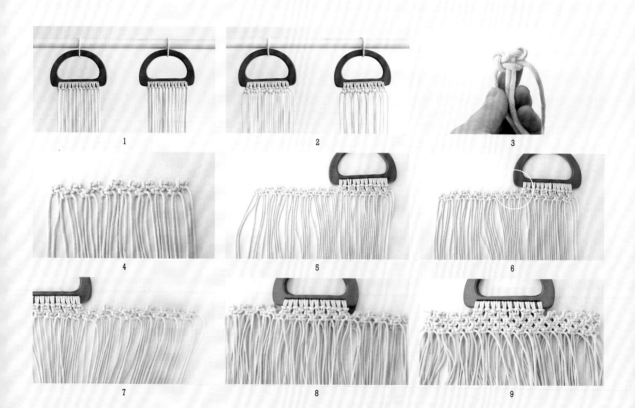

1　将24根3米长的绳子对折，头尾对齐，分别挂在D形手挽上，每个挂12根。

2　各做一行方形结。

3　取两根3米长的绳子对折，头尾对齐，直接做方形结头。

4　用16根线，做8个方形结头排列在一起，再接着做一行方形结交错排列连接。

5　手挽部分同样做第二行的方形结后与方形结头排列在一起。

6　步骤5中的两部分用一个方形结连接。

7　另一边同样取16根绳子做方形结头，用同样的方法与手挽连接。

8　将另外一个手挽同样用方形结与方形结头连接，这样包的上半部就形成一个闭合的环。

9　接着再做两行方形结交错排列。

10 接着做方形结竖向排列，4个方形结排列一组。再接着做5行方形结交错排列。

11 在包包的中间区域，做方形结球形，呈倒三角形排列。

12 沿着方形结球形做双绕结V字形排列，底部不用闭合。

13 两边隔一根绳子，再取一根芯绳斜向中间做双绕结V字形排列，尾巴用双绕结闭合。

14 接着把倒三角形边上的区域做方形结交错排列，做满整个包身。

15 翻到背面，底部取侧边两根绳子做芯绳，两边的绳子两根一组做编绳，连续做方形结。

16 闭合整个包底。

17 底部侧边的线绳藏进旁边的方形结，多余的线头剪断。

18 修剪其他多余的线头，然后涂上白乳胶。

19 翻回正面完成。

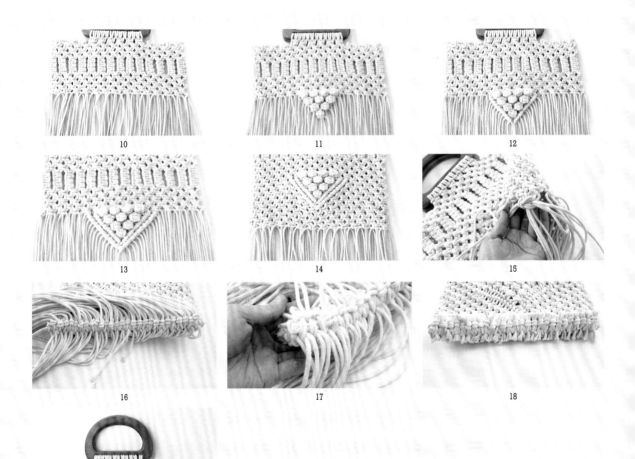

10

11

12

13

14

15

16

17

18

19

玻璃瓶罩

作品见082 ★★★☆☆

成品尺寸 直径18厘米，高22.5厘米

材料 3毫米单股棉绳（1.8米×1根、1米×41根），玻璃瓶（22.5厘米×18厘米）×1个

工具 架子，剪刀，尺子

基础结	022页	025页	028页	045页	049页

反云雀结·方形结·方形结交错排列·横向双绕结·双绕结V字形排列

—— 编织步骤图 ——

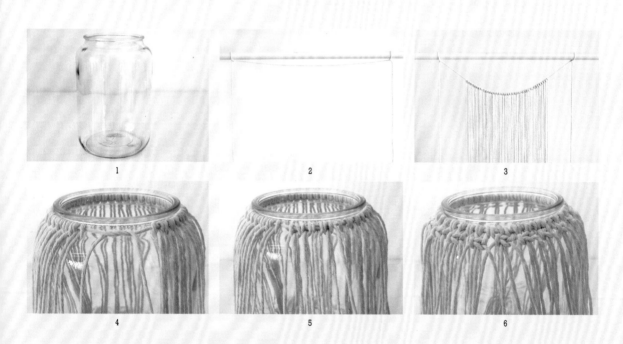

1 准备一个广口玻璃瓶。

2 取一根1.8米长的绳子作为固定线，两头绑在架子上固定好。

3 将37根1米的绳子对折，头尾对齐，用反云雀结挂上去。

4 将挂好的绳子取下来，围在玻璃瓶口，将固定线打个交叉固定。

5 再将4根1米的绳子对折后用反云雀结挂在固定线交叉的位置。将固定线拉紧围在瓶子上，一边的固定线长一些，一边的绳子跟其他的绳子一样的长度。

6 每4根绳子做一个方形结，围着瓶子做一圈方形结。

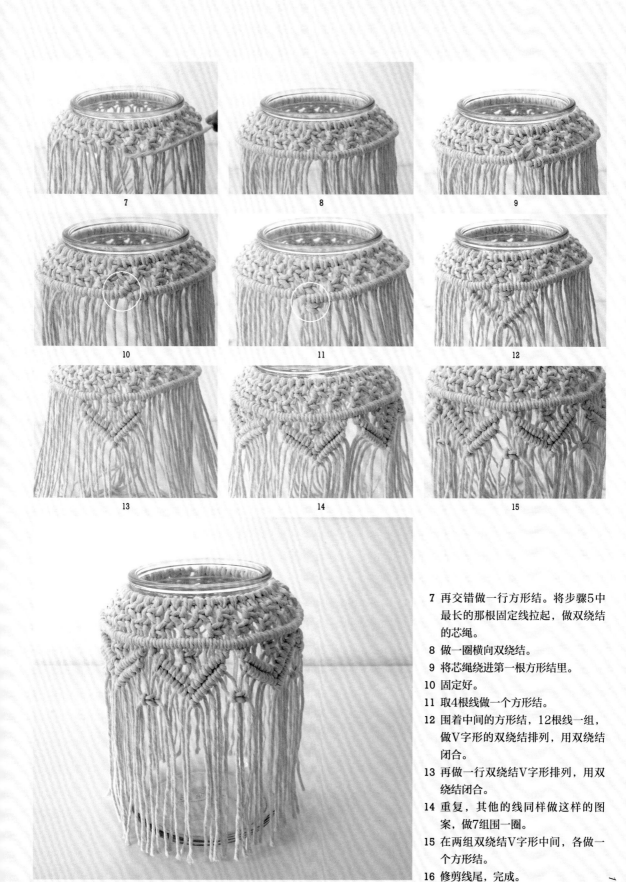

7 再交错做一行方形结。将步骤5中
最长的那根固定线拉起，做双绕结
的芯绳。

8 做一圈横向双绕结。

9 将芯绳绕进第一根方形结里。

10 固定好。

11 取4根线做一个方形结。

12 围着中间的方形结，12根线一组，
做V字形的双绕结排列，用双绕结
闭合。

13 再做一行双绕结V字形排列，用双
绕结闭合。

14 重复，其他的线同样做这样的图
案，做7组围一圈。

15 在两组双绕结V字形中间，各做一
个方形结。

16 修剪线尾，完成。

圆形隔板吊网

作品见083 ★★★☆☆

成品尺寸 高120厘米

材料 4毫米三股棉绳（5米×9根、1米×2根），直径5厘米小木圈×1个，直径10厘米小木圈×1个，盘子×1个

工具 架子，挂钩，剪刀，尺子

基础结						

 065页　 046页　 025页　 028页　 036页　 064页

环绕结·双绕结绕圆环·方形结·方形结交错排列·旋转结·约瑟夫结

编织步骤图

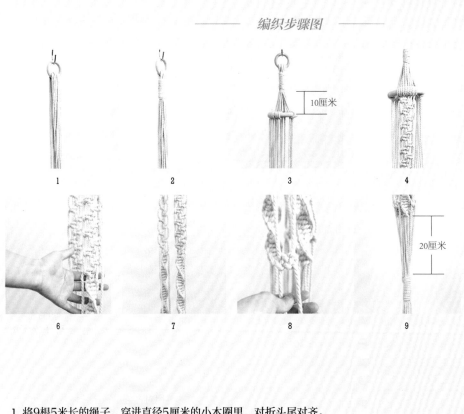

1　将9根5米长的绳子，穿进直径5厘米的小木圈里，对折头尾对齐。

2　取1根1米长的绳子，绑一个环绕结。

3　将绳子分成3组（每组6根），用双绕结固定直径10厘米的木圈，木圈距离上面的环绕结约10厘米。

4　每6根绳子做一条方形结交错排列。

5　每条24个方形结，做三条。

6　接着取每条的中间4根绳子做旋转结。

7　做3条一样的旋转结，每条做40个旋转结。

8　每条旋转结边上的两根绳子，做一个约瑟夫结。

9　取1米的绳子在离上半部分20厘米的位置做一个环绕结。

10　先修剪线绳尾部，再将盘子放在中间，完成。

地垫
作品见084 ★★★★☆

成品尺寸 长96厘米，宽40厘米
材料 3.5毫米三股棉绳（4米×64根、80厘米×4根）
工具 剪刀尺子，挂钩，架子，木棍

基础结

| 021页 | 025页 | 028页 | 045页 | 071页 |

云雀结·方形结·方形结交错排列·横向双绕结·双绕结菱形+多芯绳方形结

编织步骤图

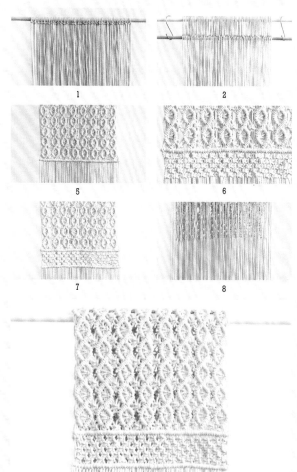

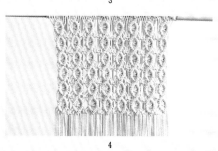

1 将64根绳子对折，头尾对齐，用云雀结挂在木棍上，排列紧密。

2 将每个云雀结的其中一根绳子翻到背面先不编。

3 每8根绳子做一个双绕结菱形排列+多芯绳方形结，重复做8组。每两个菱形排列的中间做一个方形结连接。

4 做6行一样的图案。

5 取80厘米的线，做一行直的横向双绕结。两头的线头藏在背后。

6 做5行方形结交错排列。

7 再取80厘米的线做一行直的横向双绕结，线头藏背面。

8 将中间的木棍抽出，翻到背面，重复正面相同的图案编织。

9 将尾巴修剪成12厘米长，修剪整齐。完成。

隔板架挂毯

作品见085 ★★★☆☆

成品尺寸 长80厘米，宽75厘米

材料 5毫米泡面棉绳（3米×20根），75厘米原木棍×1根，木板×1块

工具 架子，尺子，剪刀，挂钩

基础结						
021页	036页	038页	047页	034页	042页	063页

云雀结 · 旋转结 · 旋转结倒三角形排列 · 双绕结竖向波浪状排列 · 方形结球形 · 左右单绕结 · 反手结

———— 编织步骤图 ————

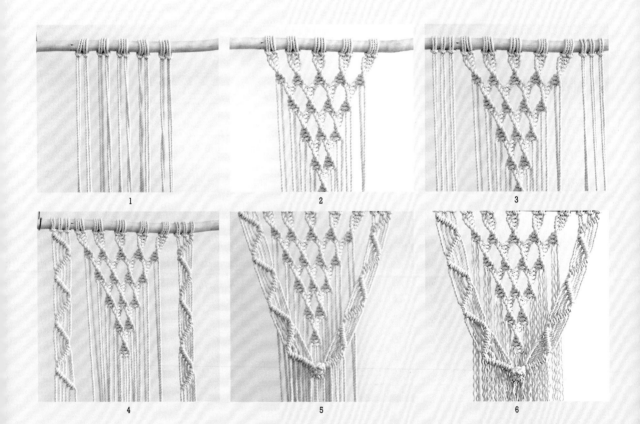

1 将10根3米长的线用云雀结挂在木棍上。

2 每4根线做一个旋转结，10个旋转结一组，做旋转结倒三角形排列。

3 各取3根3米长的绳子，对折头尾对齐，用反云雀结挂在棍子两边。

4 两边的绳子做双绕结竖向波浪状排列。

5 拉到中间的位置结合，做一个方形结球形。

6 把底部的线散开。

7　　　　　　　　　8　　　　　　　　　9

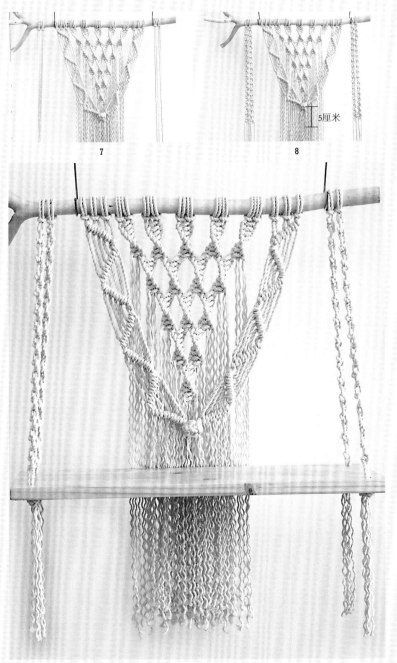

10

7 两边各取2根3米长的绳子，对折头
　 尾对齐用云雀结挂上去。

8 每两根绳子做一条左右单绕结，做
　 到方形结球形下面5厘米的位置。

9 将左右单绕结编绳的末端穿进木板的
　 洞里，洞下面的绳子用反手结打结
　 固定。

10 将线尾部散开，完成。

双层小挂毯

作品见086 ★★★☆☆

成品尺寸 长90厘米，宽75厘米

材料 4毫米三股棉绳（3米×6根、2米×8根、4米×6根、1米×36根），
75厘米木棍×1根

工具 架子，挂钩，剪刀，尺子

基础结

| 021页 | 025页 | 034页 | 049页 | 031页 | 050页 | 033页 |

云雀结·方形结·方形结球形·双绕结双行V字形排列·方形结V字形排列·双绕结菱形排列·方形结连续排列

—— 编织步骤图 ——

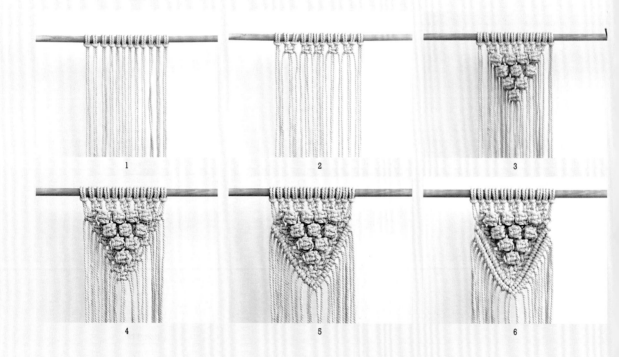

1 取3米长棉绳6根挂在中间，两边再各挂2米长棉绳3根，对折头尾对齐，用云
雀结固定在木棍上。

2 中间每4根线绳做一个方形结，共做5个。

3 接着做方形结球形，做6个球形呈倒三角形排列。

4 两边再做方形结V字形排列。

5 两边的第一根绳子向中间斜，做双绕结V字形排列，并用双绕结闭合。

6 再重复做一行斜向中间的双绕结V字形排列。

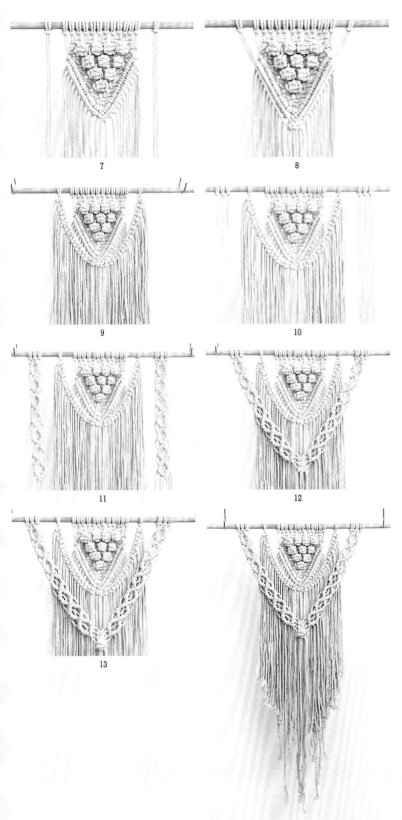

7

8

9

10

11

12

13

14

7 两边用云雀结各挂上1根2米的绳子。

8 两边的绳子斜向中间，用一个方形结连接在一起。

9 将36根1米的线，对折后头尾对齐用云雀挂在上一步准备好的线上。

10 取6根4米的线，左右两边各3根，对折后头尾对齐，用云雀结挂在木棍两边。

11 用6根线绳连续做双绕结菱形排列，做7个相同菱形图案，另一边相同。

12 拉到中间，用3个连续方形结固定。

13 再做一个方形结球形。

14 修剪线尾如图，完成。

双层泡面流苏挂毯

作品见088　★★★☆☆

成品尺寸　长90厘米，宽50厘米
材料　5毫米泡面棉绳（3米×7根、1米×42根）
工具　剪刀，尺子，架子，挂钩

基础结

| 021页 | 025页 | 070页 | 071页 | 056页 | 046页 |

云雀结・方形结・双绕结菱形+方形结交错排列・双绕结菱形+多芯绳方形结・外内绕结・双绕结斜向排列

—— 编织步骤图 ——

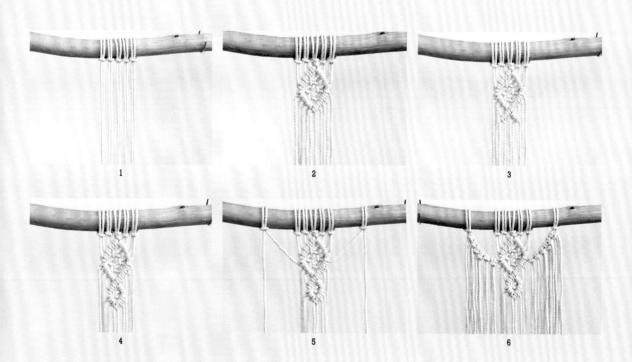

1　取5根3米的绳子头尾对齐，用云雀结挂在原木棍上。
2　做一个双绕结菱形+方形结交错排列的组合。
3　两边的芯绳交叉再做双绕结，各绕2根。
4　做一个双绕结菱形+多芯绳方形结的组合。
5　最侧边的两根绳子拿起，用外内绕挂在两边的棍子上。
6　将12根1米的绳子对折后头尾对齐，用云雀结挂在步骤5的绳子上。

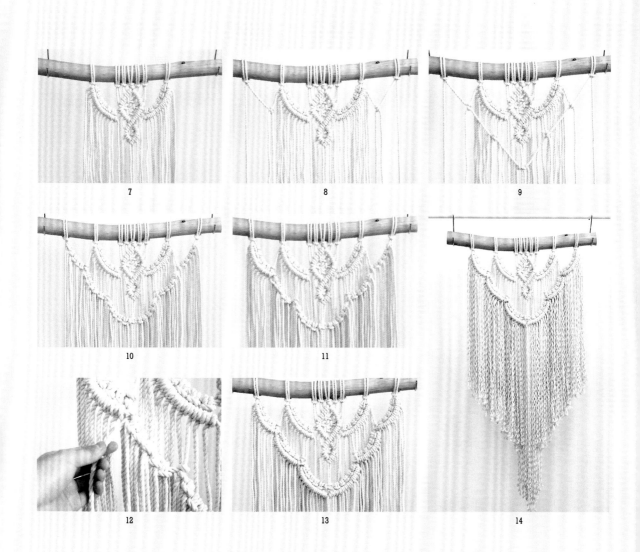

7 用第一根外内绕结绕出的线，沿着云雀结做双绕结斜向排列。

8 取2根3米长的绳子，对折头尾对齐，云雀结挂在木棍两边，再取其中一根，如图用一个双绕结连在一起。

9 绕出的绳子再往中间数第9根做双绕结，再将两边的绳子在中间的两根线上做一个方形结。

10 将30根1米的绳子对折，头尾对齐，云雀结挂在上面的绳子上。

11 两边第一根绳子做芯绳，沿着云雀结做双绕结斜向排列。

12 做好一节，芯绳向上绕一圈，以形成圆弧状。

13 两边同样的步骤，绕到中间。

14 修剪线尾，再将表层的绳子全部散开成泡面状，完成。

树叶挂毯

作品见090 ★★★☆☆

成品尺寸 长160厘米，宽50厘米
材料 4毫米三股棉绳（4米×24根），原木棍50厘米×1根
工具 架子，剪刀，尺子，挂钩

基础结

 021页 053页 046页 063页

云雀结·双绕结叶子排列·双绕结斜向排列·缠结

—— 编织步骤图 ——

1

2

3

4

5

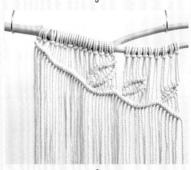

6

1 将24根4米长的棉绳对折，头尾对齐，用云雀结挂在原木棍上。

2 在右起第19根，距离云雀结2厘米，做斜向双绕结，向左斜，形成叶子上半部分形状。

3 在叶子底部用第一根双绕结出来的线做芯绳，再做一个左斜双绕结，形成叶子另一半弧状，12根1片大叶子。

4 在右起第11根，距离第一行云雀结5厘米的位置开始做一片小一点的叶子，8根线绳1片叶子，方法参考步骤2~3。

5 右起第1根，距离第一行云雀结7厘米的位置做第三个小叶子，6根线绳1片小叶子。

6 左起第1根向右斜，沿着叶子做双绕结，形成叶子的树干。

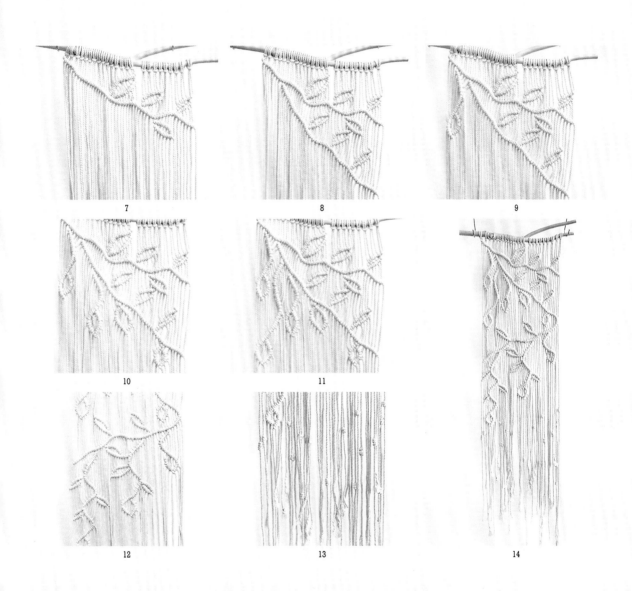

7 右起第13根开始在树干底下再做一片小叶子，6根1片叶子，方法同上。

8 接着同样用先做叶子再做树干的方法，再做三片叶子一根树干。

9 在左起第4根开始，用双绕结做一根弯曲的树干和叶子。

10 左起第16根，再加一根树干和叶子。左起25根，再做一片叶子。右起第8根，再做一片叶子。

11 左起13根，做一根长的树干和叶子。

12 接着用同样的方法再做一些叶子和树枝。

13 底部的绳子随意地做一些缠结。

14 完成。

鹿角花篮

作品见091　★★★☆☆

成品尺寸　长38厘米，高100厘米
材料　4毫米三股棉绳（3米×16根、1米×1根），50厘米鹿角（类似鹿角的装饰）×1个
工具　剪刀，尺子，挂钩，架子

基础结

 021页　 025页　 048页　 049页　 030页　 036页　 065页　 029页

云雀结・方形结・双绕结人字形排列・双绕结V字形排列・方形结菱形排列・旋转结・环绕结・方形结倒三角排列

—— 编织步骤图 ——

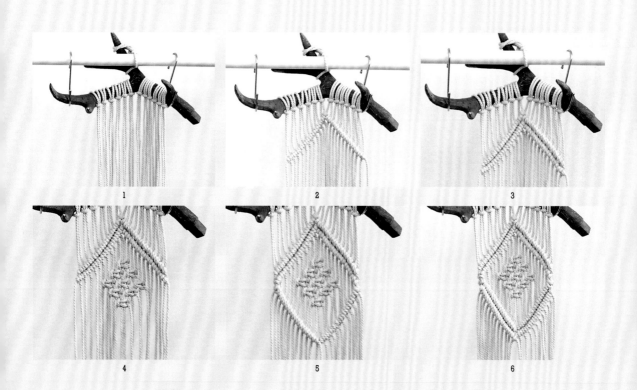

1　取12根3米长的绳子，对折后头尾对齐，用云雀结挂在鹿角上。
2　做一行双绕结人字形排列。
3　再做一行双绕结人字形，成双行双绕结人字形排列。
4　取中间的位置的12根绳子做一个方形结菱形排列。
5　人字形的芯绳往中间斜，做双绕结V字排列。
6　将上面V字形两边绕出的第一根绳子作芯绳，再做一行双绕结V字形排列。

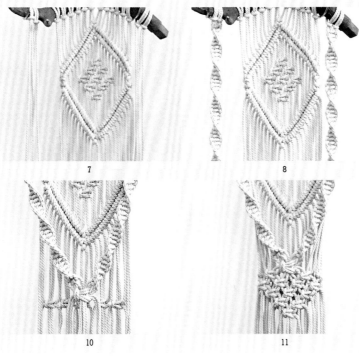

7

8

9

10

11

12

7 取4根3米长的绳子，分别用云雀结挂在两边，尾巴靠中间位置的作芯绳只留1米长，两边的编绳留长一些。

8 两边的4根绳子分别做旋转结，做到中间菱形的下方10厘米处。

9 菱形下方10厘米的位置做5个方形结。

10 两条旋转拉到中间，做一个双线的方形结。

11 接着前后做两层方形结倒三角形排列，并连接在一起，作为花篮的兜。

12 另外拿一根1米的绳子，做环绕结，完成。

羽毛圆形挂毯

作品见092 ★★★☆☆

成品尺寸 长63厘米，宽30厘米
材料 3毫米单股棉绳（4米×18根、15厘米×100根），20厘米金属圈×1个
工具 架子，挂钩，剪刀，尺子

基础结

| 021页 | 046页 | 049页 | 052页 | 049页 | 029页 | 042页 | 026页 |

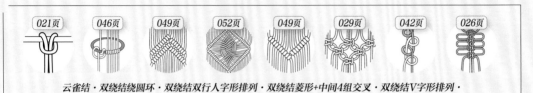

云雀结·双绕结绕圆环·双绕结双行人字形排列·双绕结菱形+中间4组交叉·双绕结V字形排列·
方形结倒三角形排列·左右单绕结·带花边方形结

—— 编织步骤图 ——

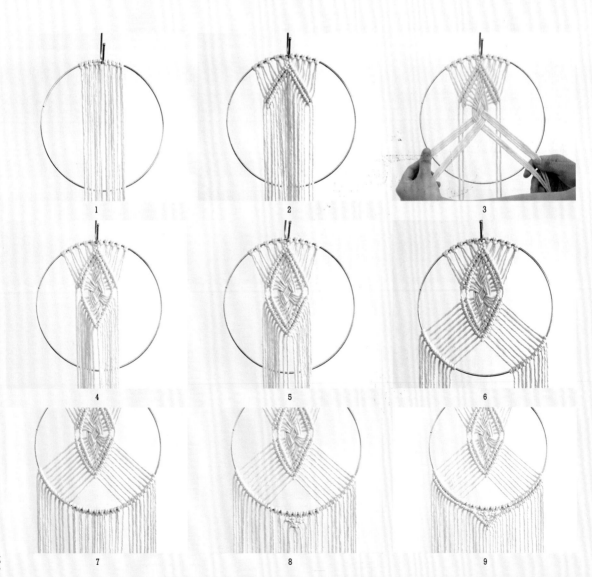

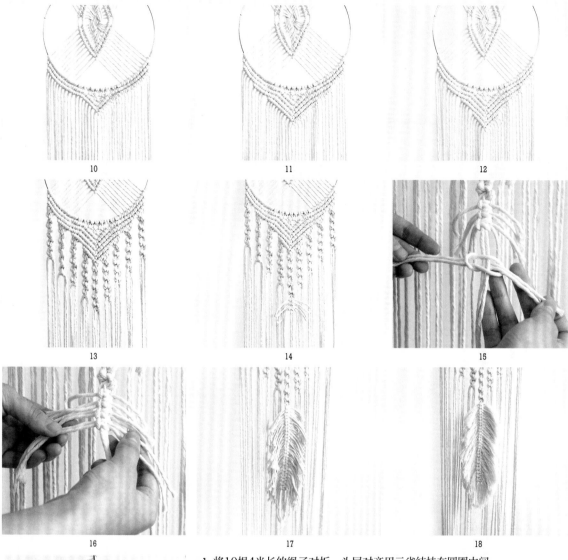

1 将10根4米长的绳子对折，头尾对齐用云雀结挂在圆圈中间。

2 做双行双绕结人字形排列。

3 中间的绳子分成4组，交叉。

4 接着做双绕结V字形排列。

5 最外面的两根再斜向中间做双绕结V字形排列，尾巴用双绕结闭合。

6 下面的绳子用双绕结固定在金属圈的两边。

7 中间加8根4米长的绳子，对折头尾对齐，用反云雀结挂上去。

8 取最中间的8根绳子，做方形结倒三角形排列。

9 最两侧的两根线绳斜向中间，做双绕结V字形排列，双绕结闭合。

10 两边的第一根绳子再斜向中间，贴着上一行做双绕结V字排列。

11 两侧向内第5根线绳斜向中间做双绕结V字排列，两侧向内第10根线绳再斜向中间做双绕结V字排列。

12 两侧向内第15根，再斜向中间，做双绕结V字排列。

13 每2根当1股，每2股做1个左右单绕结，1条10个。

14 最中间的4根绳子作方形结带花边排列，排列到没线为止。

15 加一根15厘米的绳子，对折，放在芯绳背面。再加一根15厘米的绳子对折，从另一根绳子中间穿进去。第一根绳子再穿进第二根绳子里。

16 拉紧，完成一个带线方形结。

17 共做26个带线方形结。

18 用梳子散开线尾，修剪，成羽毛状。

19 同样的方法做其他8个羽毛，修剪、梳开，完成。

三角形挂毯

作品见093　★★★☆☆

成品尺寸　长40厘米，高65厘米

材料　3.5毫米三股棉绳（20厘米×3根、2米×36根），40厘米木棍×3根，5厘米木圈×1个，大孔木珠×1个

工具　架子，尺子，剪刀，挂钩

基础结

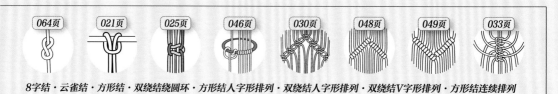

8字结・云雀结・方形结・双绕结绕圆环・方形结人字形排列・双绕结人字形排列・双绕结V字形排列・方形结连续排列

──── 编织步骤图 ────

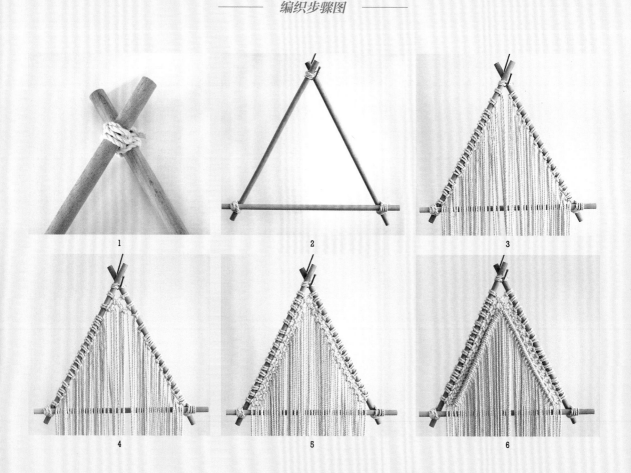

1　两木棍交叉，用20厘米长的线绳8字结捆绑固定。

2　做出三角形框架。

3　将36根2米长的绳子对折，头尾对齐，用云雀结挂在三角形的两边，一边18根。

4　最中间先做一个方形结，再做斜向两边的方形结。

5　一直做斜向方形结排列，直到三角形的底部。

6　然后做双绕结人字形排列，两边各做到倒数第四根。

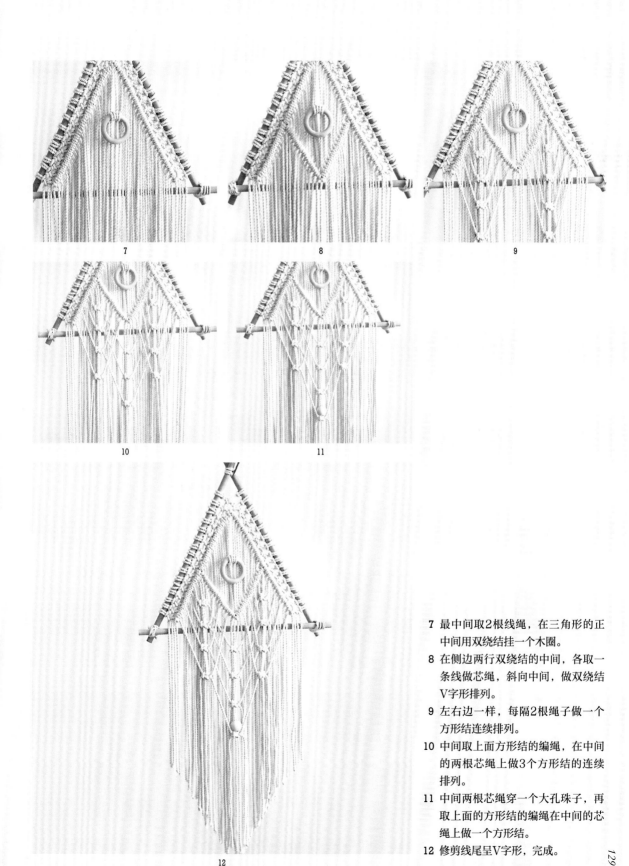

7 最中间取2根线绳，在三角形的正中间用双绕结挂一个木圈。

8 在侧边两行双绕结的中间，各取一条线做芯绳，斜向中间，做双绕结V字形排列。

9 左右边一样，每隔2根绳子做一个方形结连续排列。

10 中间取上面方形结的编绳，在中间的两根芯绳上做3个方形结的连续排列。

11 中间两根芯绳穿一个大孔珠子，再取上面的方形结的编绳在中间的芯绳上做一个方形结。

12 修剪线尾呈V字形，完成。

圆形灯罩

作品见094 ★★★★☆

成品尺寸 高1.6米，直径30厘米

材料 5毫米泡面棉绳（4米×28根、3米×12根、2米×32根），直径10厘米小木圈×1个，
直径20厘米竹圈×2个，直径30厘米竹圈×2个

工具 挂钩，架子，量尺，剪刀

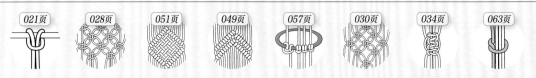
—— 编织步骤图 ——

1

2

18厘米

3

50厘米

4

5

6

1 将2根4米的棉绳对折，尾巴对齐，用云雀结挂在小木圈上面。

2 在距离小木圈18厘米的位置，用外内绕结固定20厘米的竹圈。

3 距离上面竹圈50厘米的位置再用外内绕结，固定另一个20厘米的竹圈。

4 将24根4米的绳子对折，头尾对齐，用云雀结挂在第一个竹圈上面。

5 每4根绳子做一个方形结，共做12个方形结。再交错做一圈方形结。

6 每8根绳子做一个双绕结菱形+中间交叉编织，重复做6组一样的图案。

7

8

9

10

11

12

13

14

15

16

17

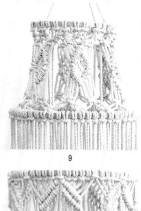

7 空开一些做一行方形结，在距离上
  一行方形结2厘米左右交错再做一行
  方形结。

8 接着每根绳子做外内绕结，固定一
  个30厘米的竹圈。

9 每隔4根绳子用云雀结加一根3米的
  绳子，挂在竹圈上，共加12根。

10 取2根添加的绳子，斜向两边，做双
   绕结双行人字形，两边各绕5根，重
   复6组。

11 在两组人字双绕结的中间向下5厘米
   处，做一个方形结菱形排列。12根
   绳子1组，共做6组。

12 接着向下5厘米处，再做双绕结双行
   人字形排列，重复6组。

13 两组人字形的中间，做一个方形结
   球形。

14 在距离方形结球形5厘米处，用外内
   绕结，再固定一个30厘米的竹圈。

15 32根2米的棉绳对折，头尾对齐，
   用云雀结挂在里面20厘米的竹圈上
   （步骤3的第二个竹圈）。

16 在步骤14的30厘米竹圈上，绳子每
   12根一组，用聚结，绑起来。

17 尾部散开成泡面状，修剪，完成。

桌旗床旗

作品见095 ★★★★☆

成品尺寸 长2米，宽32厘米

材料 4.5毫米包芯棉绳（5米×36根、50厘米×10根）

工具 木棍，架子，挂钩，剪刀，尺子

基础结

| 021页 | 047页 | 045页 | 028页 | 050页 | 025页 | 063页 |

云雀结·双绕结竖向波浪状·横向双绕结·方形结交错排列·双绕结菱形·方形结·反手结

—— 编织步骤图 ——

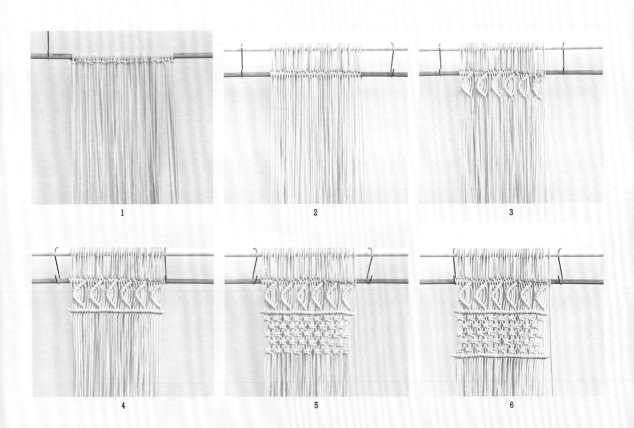

1 将36根5米长的绳子对折，头尾对齐，用云雀结固定在木棍上，排列紧密。

2 取每个云雀结的其中一根绳子，翻到木棍的背面，不编。

3 每6根绳子做一组双绕结，先向左斜，再向右斜，做双绕结竖向波浪状排列，共做6组。

4 另外拿一根50厘米长的绳子作芯绳，做一行横向双绕结，头尾用反手结打结固定，并剪断。

5 做5行方形结交错排列。

6 再取1根50厘米的绳子做一行横向双绕结排列。

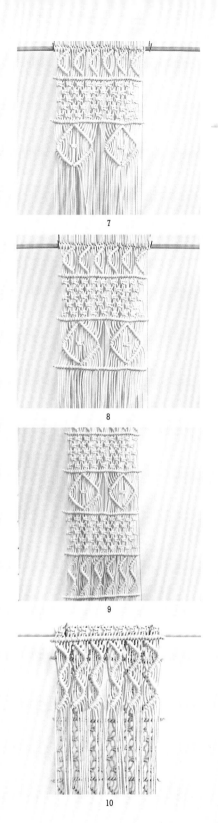

7

8

9

10

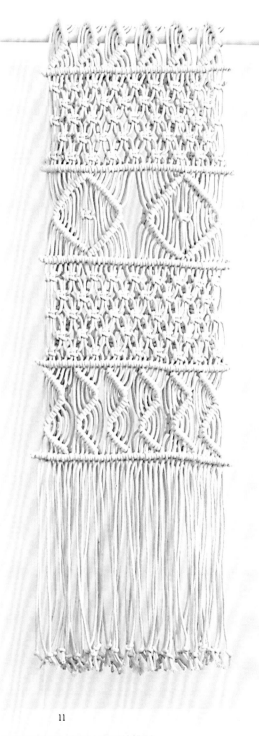

11

7 做两个双绕结菱形+中间小方形结排列。

8 再取一根50厘米的绳子做横向双绕结。

9 做5行方形结交错排列，一行横向双绕结，6组双绕结竖向波浪状排列再一行横向双绕结。

10 将木棍抽出，翻到背面，继续做正面相同的图案，从双绕结竖向波浪状排列开始。

11 修剪尾部，底部打反手结，完成。

灰色挂毯

作品见096　★★★★☆

成品尺寸　长120厘米，高120厘米

材料　4毫米灰色三股棉绳（4米×30根、1米×6根），3毫米单
　　　　股棉绳（1米×3根、20厘米×100根），1.2米原木棍1根

工具　挂钩，架子，剪刀，尺子，60厘米直木棍

基础结

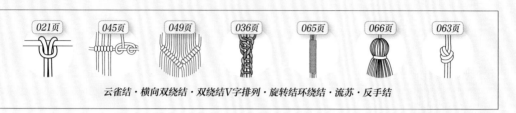

| 021页 | 045页 | 049页 | 036页 | 065页 | 066页 | 063页 |

云雀结·横向双绕结·双绕结V字排列·旋转结环绕结·流苏·反手结

—— 编织步骤图 ——

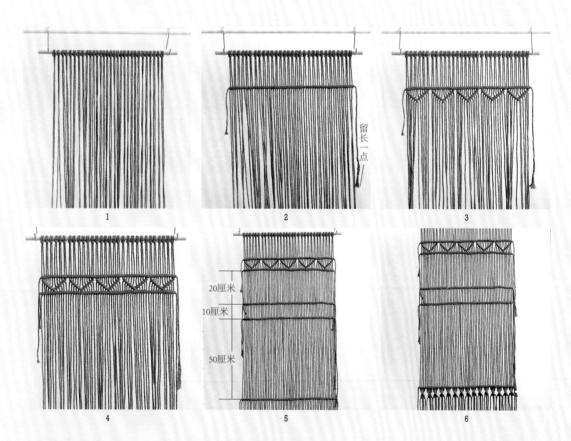

1　取30根4米长的绳子，对折头尾对齐，用云雀结挂在木棍上。

2　取一根1米长的绳子，距离云雀结12厘米的位置做横向双绕结，一边的
　　线头留长一点。

3　每5根绳子做一组双绕结V字形排列，共做5组。

4　再取一根1米的绳子做横向双绕结，一边的线头留长一点。

5　相同的方法再做3行横向双绕结。

6　每4根绳子做旋转结，1组做10个旋转结，共做15组。

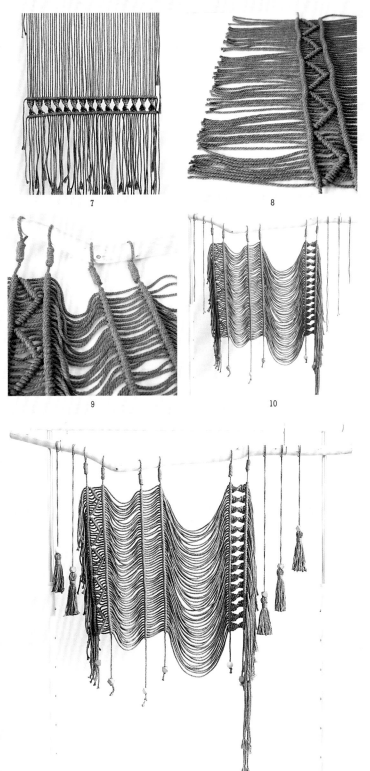

7 接着，取一根1米长的绳子同样做横向双绕结，同样一边线头留长，编织面完成。

8 将挂毯取下来，上面的云雀结一一剪断，修剪整齐。

9 用侧边的横间双绕结预留芯绳较长的一端，做环绕结挂在木棍上。

10 底部穿上各种颜色的木珠，并打上反手结固定。取5根3毫米粗的单股线，用云雀结挂在木棍两边，一边挂2根，一边挂3根，长度两边向中间递增。

11 底部穿上木珠，打上反手结固定。每个底部再做一个流苏（每个流苏用20根20厘米长的单股棉绳完成）。

菱格抱枕套

作品见098　★★★★☆

成品尺寸　长45厘米, 宽45厘米（不含流苏）
材料　4毫米三股棉绳（3米×30根、60厘米×4根）
工具　架子，挂钩，剪刀，尺子，木棍

基础结	021页	025页	028页	048页	049页	045页

云雀结·方形结·方形结交错排列·双绕结人字形排列·双绕结V字形排列·横向双绕结

—— 编织步骤图 ——

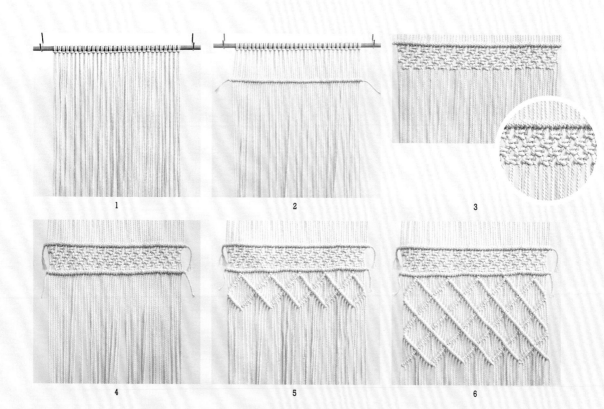

1　取30根3米长的棉绳，对折头尾对齐，用云雀结挂上木棍上，排列的总宽度约45厘米。

2　拿一根60厘米的绳子做芯绳，做一行横向双绕结。

3　在双绕结下面做4行方形结的交错排列。

4　再拿一根60厘米长的线，做一行同样的横向双绕结。

5　每12根绳子1组做1行双绕结人字形排列，再做1行双绕结V字形排列，形成5个菱形。

6　连续重复如图所示。

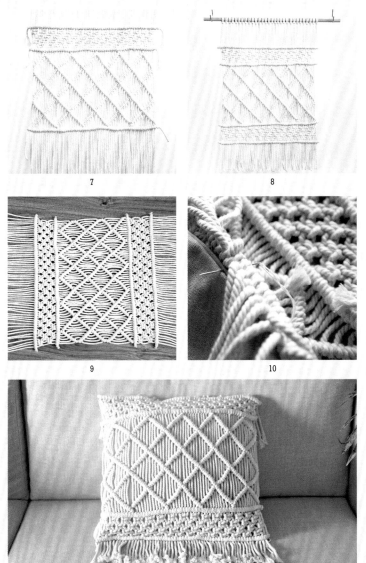

7

8

9

10

11

7 取一根60厘米长的绳子做一行直的横向双绕结。

8 重复步骤3~4，再把所有横向双绕双的芯绳尾巴藏在背面的结里。

9 取下木棍，两头的流苏同样剪断留10厘米，修剪整齐。

10 将编织面与抱枕套缝在一起。

11 完成。

弧形挂毯

作品见099　★★★☆☆

成品尺寸　长90厘米，高40厘米

材料　3.5毫米三股泡面棉绳（180厘米×73根，50厘米×6根）

工具　架子，剪刀，量尺

基础结

云雀结·方形结·方形结倒三角形排列·双绕结人字形排列·方形结球形·双绕结V字形排列·多芯绳方形结·双绕结合并排列·环绕结

―――― 编织步骤图 ――――

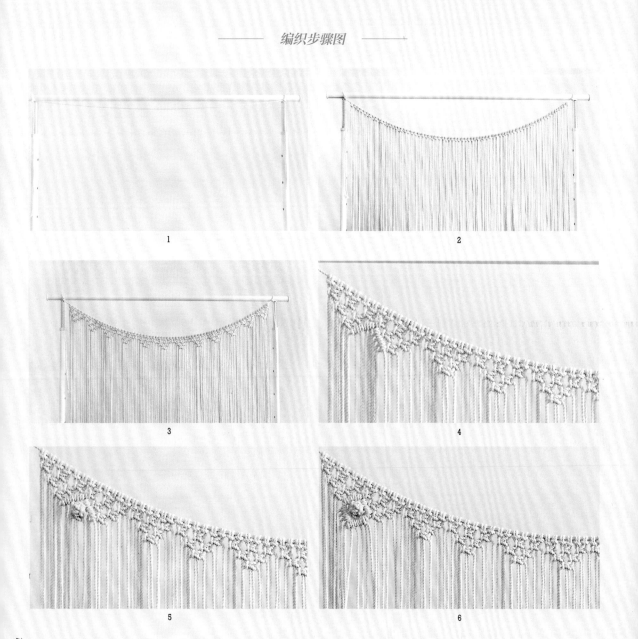

7

8

9

10

11

12

13

1 取一根1.8米的绳子两头固定在架子上。

2 取72根1.8米长的绳子，对折头尾对齐，用云雀结挂在绳子上。

3 每12根绳子做一个方形结倒三角形排列，共做12组。

4 在两个三角形中间，做双绕结人字形排列。

5 在人字形中间取4根绳子，做方形结球形。

6 人字形的芯绳再斜向中间围绕方形结球形做双绕结V字形排列，尾部用双绕结闭合。

7 再贴着倒三角区域做一个大的双绕结V字形排列。

8 重复做6组，每组图案中间取8根线做多芯绳的方形结。

9 在多芯绳方形结的下面做双绕结V字形组合，用双绕结闭合。

10 在每个大的三角形底部，斜向中间再做双绕结V字形排列。

11 取50厘米长的绳子，用环绕结固定大三角形底部的绳子。

12 修剪中间三角形区域的流苏，留15厘米长。

13 完成。

门帘

作品见100　★★★★☆

成品尺寸　宽75厘米，高度2米

材料　3毫米包芯绳（6米×72根），75厘米木棍×1根，5.5厘米直径小木圈×6个

工具　剪刀，尺子，架子，挂钩

基础结

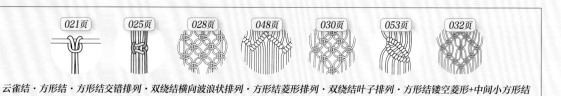

| 021页 | 025页 | 028页 | 048页 | 030页 | 053页 | 032页 |

云雀结·方形结·方形结交错排列·双绕结横向波浪状排列·方形结菱形排列·双绕结叶子排列·方形结镂空菱形+中间小方形结

—— 编织步骤图 ——

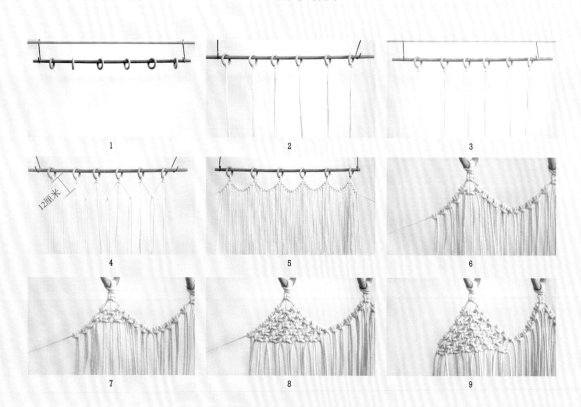

1　将小木圈均匀排列在75厘米的木棍上。

2　将6米长绳子2根一组，对折头尾对齐，分别用云雀结挂在小木圈上。

3　每组的4根绳子做一个方形结。

4　每2根线用一个双绕结，组合在一起，如图所示。

5　取60根6米长的绳子，头尾对齐，用云雀结挂在上面的线上，每段挂5根。

6　三角形的中间4根，做一个方形结。

7　接着再做两个方形结。

8　做5行方形结交错排列。

9　第6行把边缘的线编进方形结里。

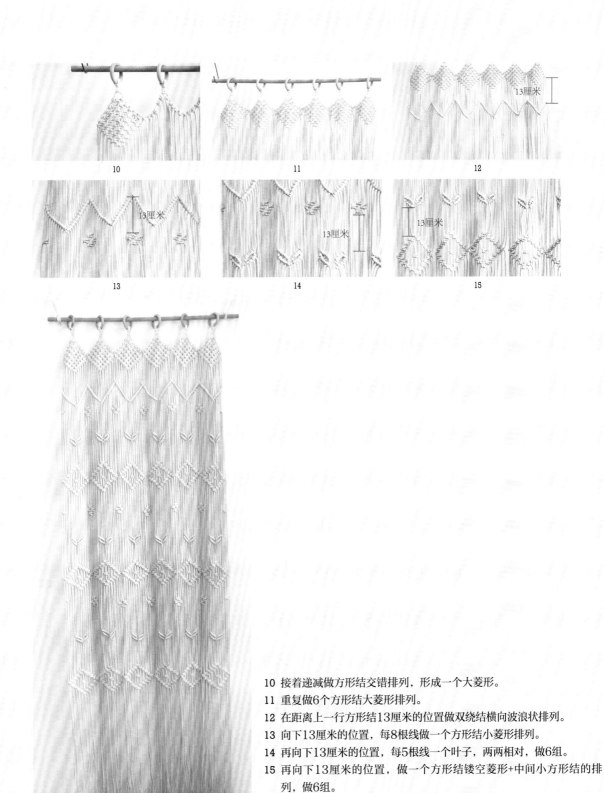

10

11

12

13

14

15

16

10 接着递减做方形结交错排列，形成一个大菱形。

11 重复做6个方形结大菱形排列。

12 在距离上一行方形结13厘米的位置做双绕结横向波浪状排列。

13 向下13厘米的位置，每8根线做一个方形结小菱形排列。

14 再向下13厘米的位置，每5根线一个叶子，两两相对，做6组。

15 再向下13厘米的位置，做一个方形结镂空菱形+中间小方形结的排列，做6组。

16 重复步骤13~15，延续相同的图案。线尾巴修剪整齐，完成。

大窗帘

作品见101 ★★★★★

成品尺寸 长2.8米，宽1.5米

材料 4毫米三股棉绳（8米×80根、2米×1根），1.7米窗帘杆×1根

工具 架子，挂钩，尺子，剪刀

021页	025页	028页	045页	032页
031页	030页	071页	047页	042页

云雀结·方形结·方形结芯绳编绳交换交错排列·横向双绕结·方形结镂空菱
形+多线方形结·方形结行横向波排列·方形结菱形排列·双绕结菱形+
多线方形结·双绕结竖向波浪排列·左右单绕结

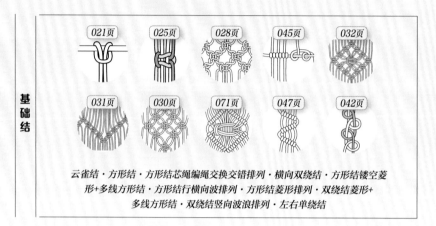

1

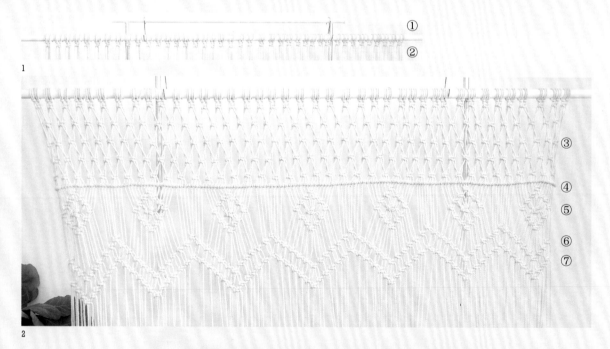

2

1. ① 将80根8米长的线，头尾对齐，用云雀结挂在窗帘杆上，排列均匀。
   ② 每4根线做一个方形结，第一行40个方形结。
2. ③ 第二行，做方形结编绳和芯绳内外交换的交错排列，重复做5行这样的方形结。
   ④ 取一根2米长的线做一行横向双绕结，两边的线头藏在背面的结里。
   ⑤ 取16根线做一组方形结镂空菱形+多线方形结的排列，间隔8根绳子再做一组，总共7组。
   ⑥ 在距离上面方形结15厘米的位置做方形结横向波浪状排列。
   ⑦ 间隔5厘米再做一排一样的方形结横向波浪状排列。

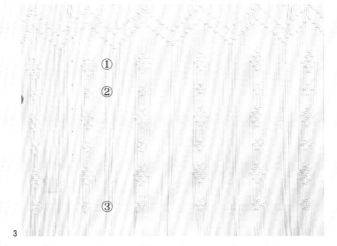

3

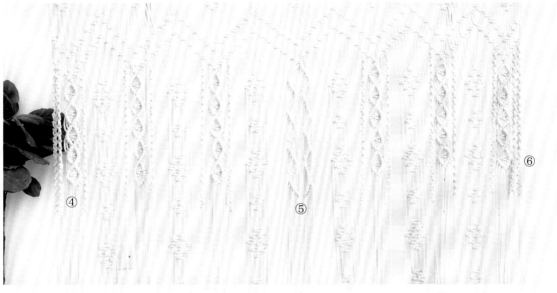

4

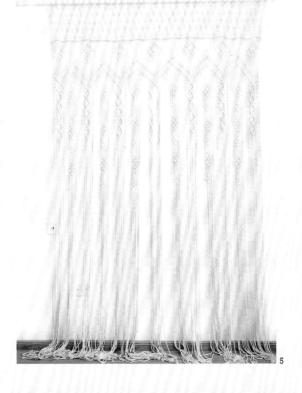

5

3. ① 距离上行方形结波浪状排列15厘米的位置，在每个
人字形的中间位置取12根绳子做一个方形结菱形排
列，共做6组。

② 距离上面方形结菱形6厘米的位置，取8根线做一个
方形结小菱形排列，总共6组。

③ 重复3行方形结大菱形和小菱形交替排列。

4. ④ 在大小菱形的旁边，横向波浪尖角的正下方，取6
根绳子，做双绕结菱形+多线方形结排列。每条做5
个，共做6条。

⑤ 最中间位置做两条双绕结竖向波浪状排列。

⑥ 剩余的绳子，2根做1股，2股做1条左右单绕结，共
做14条。

5. 完成。

后记

　　从接触Macramé，到爱上编织、坚持编织，并发展成自己的小事业，是一件神奇而有意义的事情。2016年，我创立了自己的编织品牌"闲惠"，提供专属定制编织服务，也致力于Macramé编织手艺的培训，教会喜爱Macramé编织的朋友们如何用编织去装扮自己的生活。看见很多朋友从不知道编织，到好奇，到深深喜爱Macramé绳结艺术，再到大家一起学习和创作，我也感到欣慰和满足。

　　如果你也喜爱绳结艺术，欢迎和我一起加入美丽的Macramé编织世界。

闲惠居家

扫一扫，学更多作品